진짜진짜

킨더

사고력
수학

B 연산

KB158475

여수미 지음 | **신대관** 그림

《진짜진짜 킨더 사고력수학》은
열한 명의 어린이 친구들이 먼저 체험해보았으며
현직 교사들로 구성된 엄마 검토 위원들이 검수에 참여하였습니다.

어린이 사전 체험단

길로희, 김단아, 김주완, 김지호, 박주원, 서현우, 오한빈, 이서윤, 조윤지, 조항리, 허제니

엄마 검토 위원 (현직 교사)

임현정(서울대 졸), 최우리(서울대 졸), 박정은(서울대 졸),

강혜미, 김동희, 김명진, 김미은, 김민주, 김빛나라, 김윤희, 박아영, 서주희, 심주완, 안효선, 양주연, 유민, 유창석, 유채하,

이동림, 이상진, 이슬이, 이유린, 정공련, 정다운, 정미숙, 정예빈, 제갈공면, 최미순, 최사라, 한진진, 윤여진(럭스어학원 원장)

SISO
study

지은이 여수미

여수미 선생님은 서울대학교에서 학위를 마친 후, K.E.C 컨설팅 그룹에서 수학과 부원장을 역임하였습니다. 국내 및 해외 의대 진학과 특목고 아이들을 위한 프로그램 개발 및 컨설팅을 담당하였고, 서울 강남에 있는 소마 사고력전문 수학학원에서 팀장 선생님으로 근무하였습니다. 현재는 시사 교육그룹의 럭스아카데미 수학과 총괄 주임으로 재직 중이며, 럭스공부연구소에서 사고력 수학 및 사고력 연산 교재를 활발히 집필하고 있습니다. 그동안 최상위권 자녀들을 지도해온 경험을 바탕으로 《진짜진짜 킨더 사고력수학》에 그간에 쌓아온 모든 노하우를 담아내었습니다. 대치동 영재 교육의 핵심인 '왜~?'에 집중하는 사고방식을 소중한 자녀와 함께 이 책을 풀어나가며 경험해보시길 바랍니다.

그린이 신대관

신대관 선생님은 M-Visual School에서 회화, 그래픽디자인, 일러스트레이션을 공부했으며 현재 그림책 작가로 활동하고 있습니다. 개성 넘치는 캐릭터, 강렬한 컬러, 다양한 레이아웃을 추구합니다. 그동안 그린 책으로는 《플레이그라운드 플레이》, 《뱅뱅 뮤직밴드》, 《기분이 참 좋아》, 《매직쉐입스》, 《너티몽키》, 《어디에 있을까》, 《이솝우화》, 《누가누가 숨었나》 등이 있습니다.

진짜진짜 킨더 사고력 수학 B 연산

초판 발행 2020년 9월 18일
초판 2쇄 2023년 1월 20일

지은이 여수미
그린이 신대관
펴낸이 엄태상
디자인 박경미, 공소라
엮은이 시소스터디 수학편집부
콘텐츠 제작 김선웅, 장형진, 조현준
마케팅 이승욱, 왕성석, 노원준, 조성민, 이선민
경영기획 조성근, 최성훈, 정다운, 김다미, 최수진, 오희연
물류 정종진, 윤덕현, 신승진, 구윤주

펴낸곳 시소스터디
주소 서울시 종로구 자하문로 300 시사빌딩
주문 및 문의 1588-1582
팩스 02-3671-0510
홈페이지 www.sisostudy.com
네이버 카페 시소스터디공부클럽 cafe.naver.com/sisasiso
인스타그램 instagram.com/siso_study
이메일 sisostudy@sisadream.com
등록일자 2019년 12월 21일
등록번호 제2019-000148호
ISBN 979-11-970830-4-4 63410

머리말

5세 이전에는 수학을 '공부'하는 것보다는 일상에서 다양한 수 개념, 도형, 규칙 등을 자연스럽게 경험할 수 있도록 하는 것이 좋습니다. 반면 5세부터는 생활 속 수학을 다양한 교구와 주제에 맞는 문제 풀이를 통해 개념화시키고 반복학습하면 수학적 사고력과 문제 풀이 능력이 훨씬 높아질 수 있습니다.

이 책은 유아들이 수학을 배울 수 있는 영역을 수, 연산, 도형, 생활수학 4가지로 나누었고 학습 내용을 다양한 놀이 활동과 함께 제시했습니다.

이 책으로 아이들이 즐겁게 소통하며 수학 기본기를 쌓아 자신감을 갖고 누구나 수학 공부를 할 수 있다는 것을 경험해보면 좋겠습니다.

마지막으로 저도 아이를 낳아 기르게 되면서 엄마들이 수학 기관에 의지하지 않고 아이들과 집에서 수학 공부를 즐겁게 했으면 좋겠다는 생각이 들었습니다. 모든 엄마들이 수학을 쉽고 재미있게 가르칠 수 있다는 용기를 주고 싶습니다.

여 수 미

진짜진짜 킨더 사고력 수학을 소개합니다!

진짜진짜 킨더 사고력수학은

5세를 중심으로 4세부터 6세까지 수학을 접할 수 있도록 만든 유아 수학 입문서입니다. 수학은 수와 공간에 대해 배우면서 논리 사고력과 추리력, 창의력을 키울 수 있는 과목입니다. 유아 때부터 수학을 즐겁게 접할 수 있다면 누구나 충분히 미래의 수학 영재가 될 수 있을 겁니다. 《진짜진짜 킨더 사고력수학》은 스스로 생각하며 문제를 해결하는 과정 자체를 즐길 수 있도록 만들었습니다.

시리즈 구성은 다음과 같습니다.
수학의 가장 기본인 **수**를 시작으로 수와 수의 관계인 **연산**을 배우고, 공간 감각을 익히는 **도형**, 마지막으로 생활 속에서 발견되는 수학 원리를 배우는 **생활수학**까지 이렇게 총 4권으로 구성했습니다.

Ⓐ 수

Ⓑ 연산

Ⓒ 도형

Ⓓ 생활수학

진짜진짜 킨더 사고력수학을 함께 공부할
냥이와 펭이를 소개합니다!

냥이와 **펭이**는 5살짜리 단짝 친구입니다.

진짜진짜 킨더 사고력수학을 공부하는 친구들과도 단짝이 될 수 있을 거예요.

이 둘은 여러분이 공부하며 어려움을 느낄 때 도움을 줄 거예요.

지루하거나, 공부하기 싫을 때 기운을 북돋아 주기도 할 거고요.

 냥이

"내 모자의 숫자 1은 넘버원이란 뜻이야!
나는 뭐든 첫 번째로 하는 게 좋거든!"

나는 치즈케이크가 제일 맛있어! 아, 생각만 해도 침 고인다.

동생이랑 노는 것보다 펭이랑 노는 게 더 좋아.

펭이

"이거 볼래? 내 머리띠에는 주사위가 달려있어.
주로 냥이랑 게임 할 때 사용해!"

난 궁금한 게 생기면 친구나 엄마한테 꼭 물어봐.

엄마한테 고양이를 키우면 안 되냐고 했더니, 안 된대. 대신 냥이랑 자주 놀래.

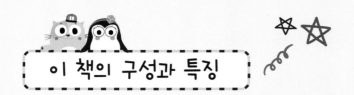

이 책의 구성과 특징

진짜진짜 킨더 사고력수학은 **수, 연산, 도형, 생활수학**이라는 권별 주제마다 하위 테마 4개 또는 5개가 구성되어 있습니다. 테마별로 열린 질문을 던지는 **생각 열기**, 핵심 개념을 이해하고 익히는 **개념 탐구**, 게임과 놀이 활동으로 수학에 친근해지는 **렛츠플레이(Let's Play)**, 마지막으로 복습하는 **확인 학습** 코너로 구성되어 있습니다. 중간 중간 **플러스업(Plus Up) 도전!** 코너가 있어 어린이 수학경시대회 문제를 체험할 수 있도록 했습니다.

생각 열기

열린 질문을 던지거나, 간단한 놀이 활동을 유도해서, 앞으로 전개될 수학 주제를 짐작할 수 있도록 소개하는 코너입니다.

개념 탐구

해당 수학 테마에서 반드시 알아야 하는 핵심 개념을 짚어보는 코너입니다.
핵심 개념을 완벽히 이해할 수 있도록 같은 개념을 다양한 유형의 문제로 제시하여 반복학습을 할 수 있습니다.

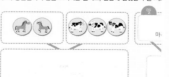

LET'S PLAY

과일카드로 10 만들기 활동보 1개

1. 과일이 1개부터 10개까지 그려진 카드 1 0장 있습니다. 이를 두 사람이 서로 5장씩 나누어 가집니다.
2. 가위바위보를 해서 이긴 사람이 먼저 자신이 갖고 있는 과일카드 한 장을 냅니다.
3. 상대방은 그 카드에 그려진 과일의 수를 보고, 과일 개수의 합이 10이 될 수 있는 자신의 과일카드를 골라서 냅니다.(과일의 종류는 달라도 됩니다.)
4. 합이 10인 2장의 카드를 활동판에 붙여 완성합니다.

ACTIVE BOARD

●이름

●이름

카드 게임부터 만들기 놀이까지 다양한 놀이 활동으로 수학을 배웁니다.

확인학습

● 낭이 할머니를 위해 낭이 엄마와 펭이, 그리고 낭이가 색깔별로 송편을 만들었어요.

1. 각 송편의 개수를 써보세요.

___개   ___개   ___개

2. 할머니가 펭이와 낭이의 송편을 드셨어요. 모두 몇 개를 드셨을까요?
___개

3. 할머니가 낭이 엄마, 펭이, 낭이가 가져온 송편을 모두 다 드셨어요. 모두 몇 개를 드신 걸까요?
___개

● 모으면 10이 되는 두 수를 골라서, 빨간색으로 칠해주세요.

● 사과를 모두 10개 따려고 합니다. 낭이가 먼저 딴 사과 수를 보고 펭이가 따야 하는 사과의 수를 적고, 알맞은 개수로 스티커를 붙여주세요.

확인학습

개념 탐구에서 배웠던 핵심 개념들을 다양한 문제 풀이로 복습하는 코너입니다.

PLUS-UP 도전!

● 손가락을 합쳐서 5개가 되도록 알맞은 그림끼리 이어보세요.

● 두 수를 모아서 나온 수를 빈칸에 써보세요.

1 5 2 2   1 2 4 3

● 8장의 수 카드에서 2장을 뽑아 합이 10이 되게 하는 방법은 몇 가지가 있는지 써보세요.

1 4 3 0

9 5 6 7

___가지

● 두 수를 아래로 모으기 했습니다. 빈칸에 알맞은 수를 쓰세요.

4	4	5
8	10	10
3	2	6
7	9	10

PLUS-UP 도전!

어린이 수학경시 대회 문제를 체험해볼 수 있는 코너입니다. 난이도 높은 문제에 도전하며 성취감을 느끼고 실력도 배양하는 것이 목표입니다.

7

밤하늘의 별 따기

학습 목표 10까지의 수 범위 안에서 두 개의 수를 모아 하나의 수를 만들어 봅니다. 또 다양한 방법으로 수를 모아 보며 두 수가 모이면 전체 수가 커지는 덧셈의 기초를 이해합니다.

개념탐구 1	모으기 _ 5보다 작거나 같은 수	12
개념탐구 2	모으기 _ 10보다 작거나 같은 수	15
개념탐구 3	여러 가지 방법으로 수 모으기	19
Let's play	과일 카드로 10 만들기	22
확인 학습		24

자동차 주차하기

학습 목표 10까지의 수 범위 안에서 하나의 수가 어떤 수들의 합으로 표현될 수 있는지 익혀보면서 뺄셈의 기초를 이해합니다.

개념탐구 1	가르기 _ 5보다 작거나 같은 수	28
개념탐구 2	가르기 _ 10보다 작거나 같은 수	33
개념탐구 3	수 피라미드	36
Let's play	자동차 뽑기 놀이	40
확인 학습		41

어항 안 숫자 물고기

학습 목표 수직선과 다양한 가르기 방법을 이용하여 10의 짝꿍수(보수)를 배우면서 덧셈과 뺄셈의 개념을 함께 익힙니다.

개념탐구 1	10 만들기	46
개념탐구 2	수직선을 이용하여 5와 10 만들기	51
개념탐구 3	뺄셈식을 이용한 10 가르기	53
Let's play	물고기 수 카드 놀이	56
확인 학습		57

Plus-up 도전! 경시대회 문제를 풀며 실력을 키우자! 60

딸기와 토마토 따기

학습 목표 20까지의 수 범위 안에서 모으기를 통해 덧셈을 이해하고, 덧셈을 식으로 표현하는 방법을 익힙니다.

개념탐구 1 10보다 작은 수의 덧셈식 ···················· 68
개념탐구 2 20보다 작은 수의 덧셈식 ···················· 77
개념탐구 3 덧셈을 표현하는 다양한 방식 ···················· 81
Let's play 누가 더 큰 수를 가졌을까? ···················· 84
확인 학습 ···················· 85

아기 돼지 삼형제

학습 목표 20까지의 수 범위 안에서 가르기와 수직선을 사용하여 뺄셈을 이해하고, 뺄셈을 식으로 표현하는 방법을 익힙니다.

개념탐구 1 수의 차이는 뺄셈 ···················· 90
개념탐구 2 뺄셈과 뺄셈식 ···················· 92
개념탐구 3 어떤 수를 빼야 할까요? ···················· 97
Let's play 덧셈 뺄셈 주사위 놀이 ···················· 100
확인 학습 ···················· 102

Plus-up 도전! 경시대회 문제를 풀며 실력을 키우자! ···················· 106

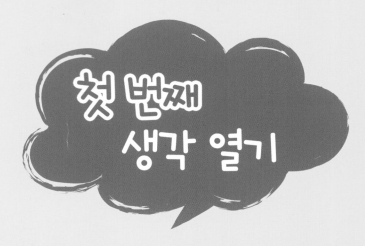

밤하늘의 별 따기

두 명의 요정이 밤하늘에서 별을 따고 있어요.

한 명은 3개, 다른 한 명은 4개를 땄어요.

요정들이 가져온 별들을 바구니에 모아 스티커로 붙여볼까요?

모두 몇 개일까요?

빈칸에 알맞은 수를 써보세요.

활동북 1쪽

개

모으기 _ 5보다 작거나 같은 수

농장의 말과 젖소 수 세기

● 각 동물들의 수만큼 스티커를 붙이고, 빈칸에 알맞은 수를 써보세요. 활동북 1쪽

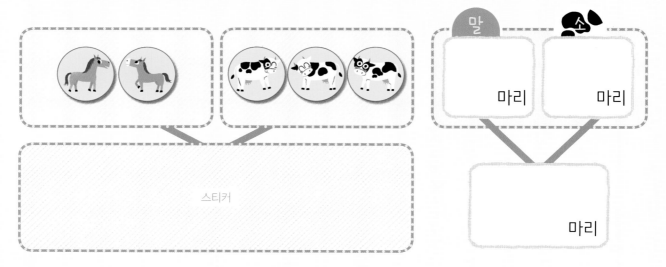

● 2개의 주사위에 있는 눈을 모아서 그려보세요.

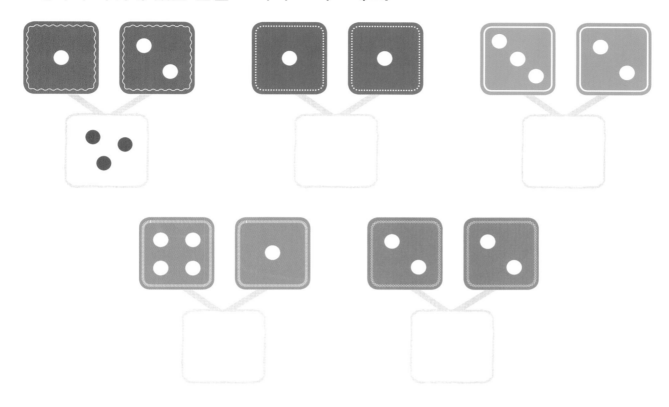

● 자석에 모인 두 수의 합이 얼마인지 알맞은 수를 써보세요.

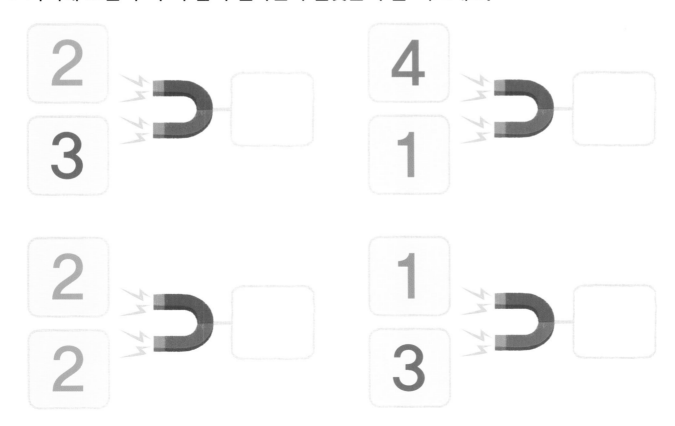

● 냥이와 펭이가 던진 농구공을 아래의 바구니에 모아볼까요? 바구니에 농구공 스티커를 붙이고, 빈칸에 알맞은 개수를 써보세요. 활동북 1쪽

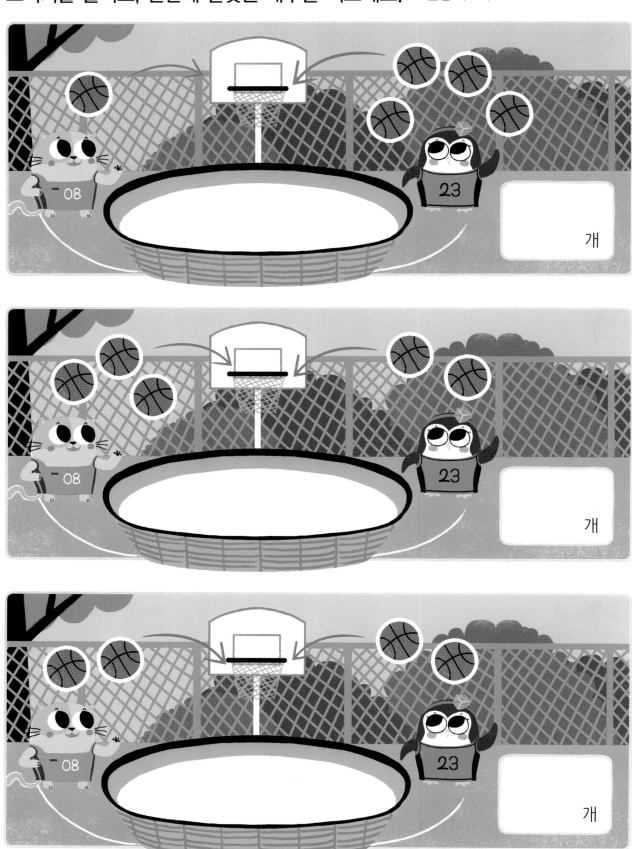

모으기 _10보다 작거나 같은 수

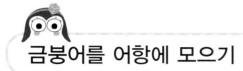

금붕어를 어항에 모으기

냥이는 6마리, 펭이는 3마리의 금붕어를 키우고 있어요. 둘은 어항 한 개에 금붕어들을 모아 넣기로 했어요. 어항에 모은 금붕어를 스티커로 붙이고, 모두 몇 마리인지 빈칸에 알맞은 수를 쓰세요. 활동북 1쪽

 냥이의 금붕어 수

마리

마리

펭이의 금붕어 수

마리

● 서로 색깔이 다른 두 수를 모았어요. 두 수를 모은 개수를 적고, 오른쪽 칸에는
두 수와 같은 색 동그라미를 같은 개수로 그려보아요.

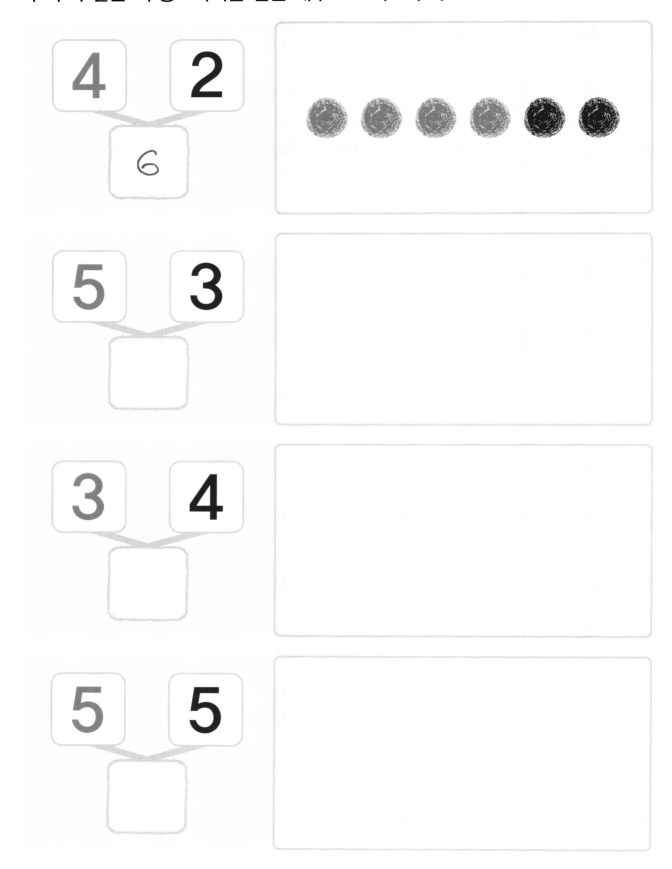

● 닭 두 마리가 알을 품고 있어요. 한 마리는 3개, 다른 한 마리는 2개의 알을 품고 있어요. 냥이가 두 마리 닭의 알을 모두 가져오면 몇 개가 될까요? 오른쪽 빈칸에 알맞은 수를 쓰세요.

위에 두 수를 '모으기'합니다. 빈칸에 알맞은 수를 쓰세요.

● 지붕 위에 적힌 수가 되려면, 창문 안의 어떤 수들을 모아야 할까요? 알맞은 수 끼리 선으로 이어보세요.

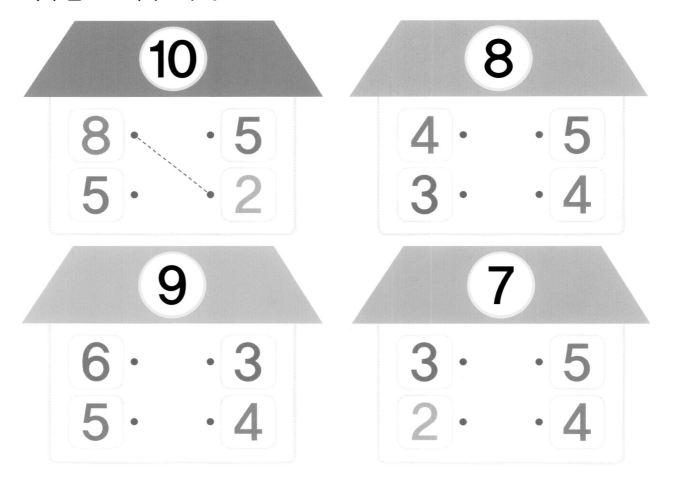

여러 가지 방법으로 수 모으기

다트를 던져서 나온 수 합하기

다트를 던져서 판에 맞춘 화살 수만큼 사탕을 받기로 했어요. 냥이와 펭이
의 한판 승부! 누가 사탕을 더 많이 받았을까요? 사탕을 더 많이 받은 자의
머리 위에 왕관 스티커를 붙여주세요. 활동북 1쪽

냥이가 다트를 두 번 던져서 받은 수는 3과 1이었습니다.
펭이가 다트를 두 번 던져서 받은 수는 5와 5였습니다.

아이스크림마다 수가 정해져 있어요. 바구니마다 여러 종류의 아이스크림이 담겨 있어요. 바구니에 담겨 있는 각 아이스크림에 정해져 있는 수를 찾고, 해당하는 수를 모두 모아서 써주세요.

맛있겠다!

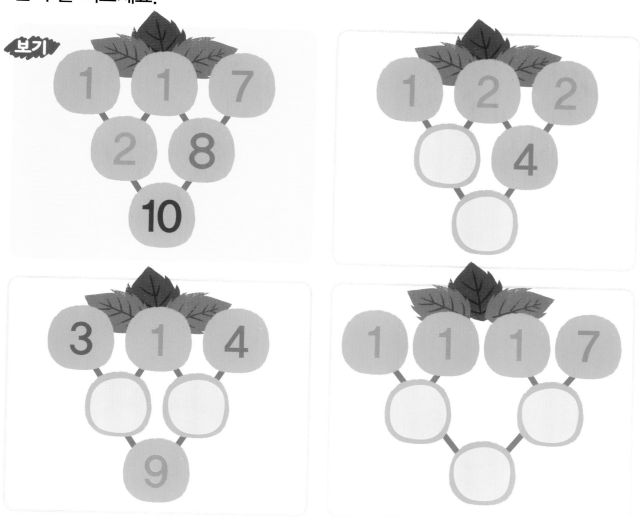

PLUS 도전! 포도알에 수가 적혀있어요. 보기처럼 포도알에 적힌 두 수를 모아, 빈칸에 알맞은 수를 써보세요.

보기

● 두 수의 합이 10이 되도록 알맞은 수끼리 이어보세요.

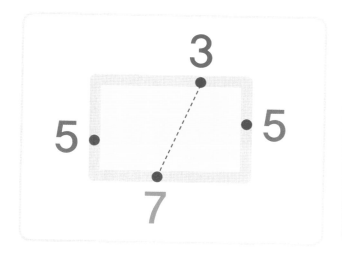

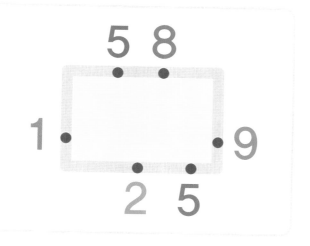

과일카드로 10 만들기 활동북 7쪽

1 과일이 1개부터 10개까지 그려진 카드가 10장 있습니다. 이를 두 사람이 서로 5장씩 나누어 가집니다.

2 가위바위보를 해서 이긴 사람이 먼저 자신이 갖고 있는 과일카드 한 장을 냅니다.

3 상대방은 그 카드에 그려진 과일의 수를 보고, 과일 개수의 합이 10이 될 수 있는 자신의 과일 카드를 골라서 냅니다.(과일의 종류는 달라도 됩니다.)

4 합이 10인 2장의 카드를 활동판에 붙여 완성합니다.

ACTIVE BOARD

이름

이름

카드 놓는 자리

카드 놓는 자리

카드 놓는 자리

카드 놓는 자리

카드 놓는 자리

카드 놓는 자리

● 냥이 할머니를 위해 냥이 엄마와 펭이, 그리고 냥이가 색깔별로 송편을 만들었어요.

1. 각 송편의 개수를 써보세요.

개   개   개

2. 할머니가 펭이와 냥이의 송편을 드셨어요.
모두 몇 개를 드셨을까요?

개

3. 할머니가 냥이 엄마, 펭이, 냥이가 가져온 송편을
모두 다 드셨어요. 모두 몇 개를 드신 걸까요?

개

모으면 10이 되는 두 수를 골라서, 빨간색으로 칠해주세요.

● 사과를 모두 10개 따려고 합니다. 냥이가 먼저 딴 사과 수를 보고 펭이가 따야
하는 사과의 수를 적고, 알맞은 개수로 스티커를 붙여주세요. 활동북 1쪽

스티커

스티커

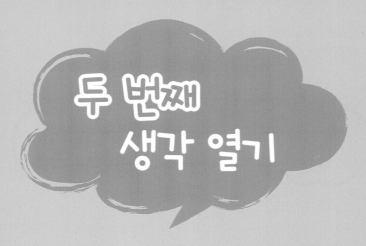

자동차 주차하기

자동차 10대가 공원 주차장에 들어오고 있어요.

비어 있는 두 곳에 각각 같은 수의 자동차를 주차해야 해요.

각각 몇 대씩 들어가면 될까요?

두 곳의 주차장에 자동차 스티커를 알맞은 개수로 붙여보세요.

활동북 2쪽

10대를 두 곳에
같은 수로 나누어
주차해.

자동차는 모두
10대가 있어.

가르기 _ 5보다 작거나 같은 수

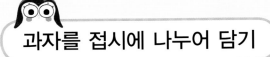

과자를 접시에 나누어 담기   활동북 2쪽

하나의 수를
두 수로 나누는 것을
가르기라고 해.

과자 5개를 접시 2개에 나누어 담아요. 5개의 과자
스티커를 각 접시에 원하는 개수대로 나누어 붙이고,
각각 몇 개씩인지 빈칸에 수를 쓰세요. 단, 빈 접시는 안 돼요.

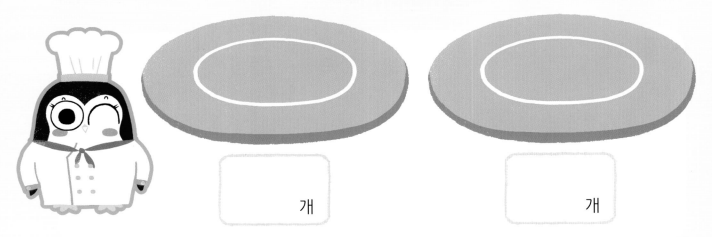

개   개

머핀 4개를 접시 2개에 나누어 담아요. 4개의 머핀 스티커를 각 접시에
원하는 개수대로 나누어 붙이고, 각각 몇 개씩인지 빈칸에 수를 쓰세요.
단, 빈 접시는 안 돼요.

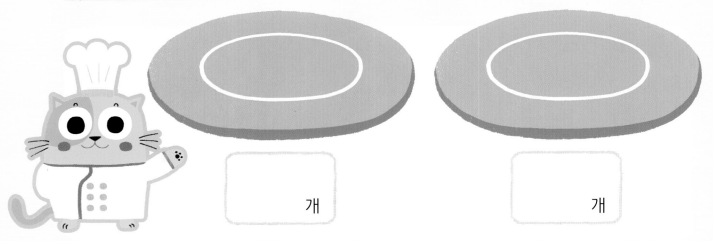

개   개

● 빈칸에 들어갈 손으로 알맞은 것을 골라 ○표시를 하고, 손가락 수를 세어 알맞은 수를 쓰세요.

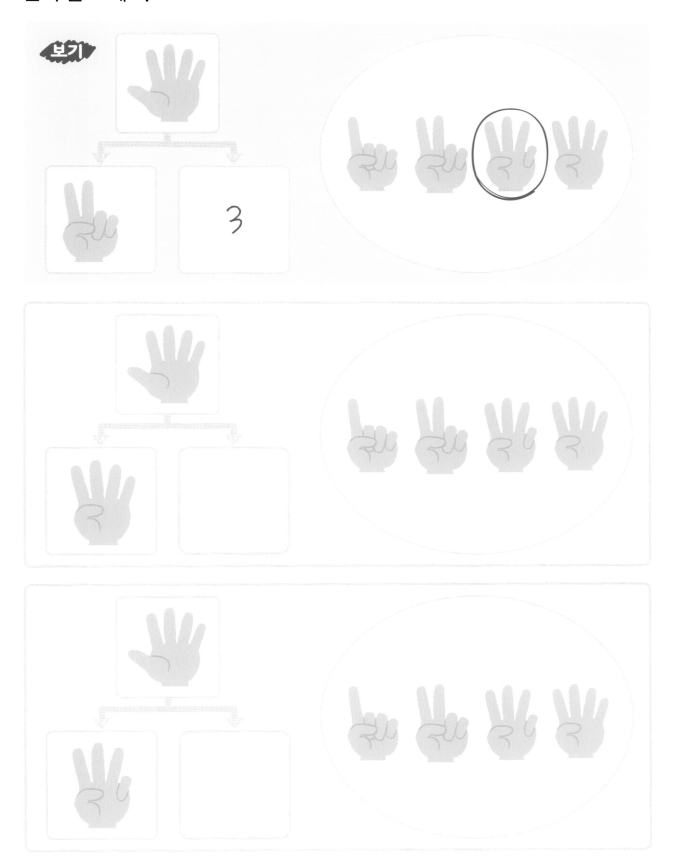

하나의 수를 두 수로 가르기 했어요. 빈칸에 알맞은 수를 쓰고, 가르기 한 수의 개수대로 동물 친구들을 나눠 선을 그어 구분 지어보세요.

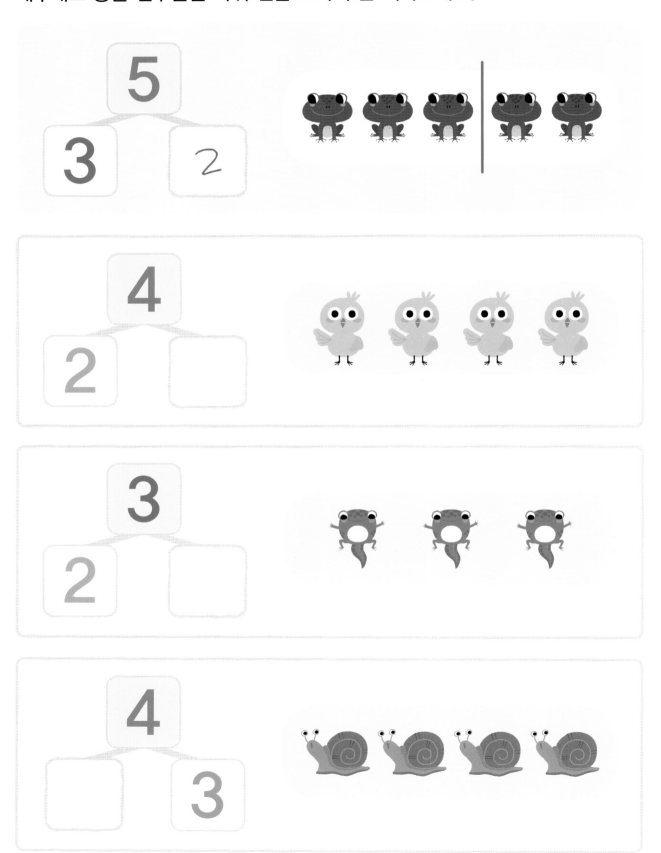

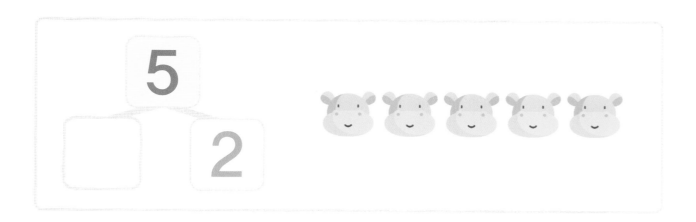

● **홍학 5마리를 아래와 같이 가르기** 했습니다. 아래 그림을 보고 빈칸에 알맞은 홍학의 수를 쓰세요.

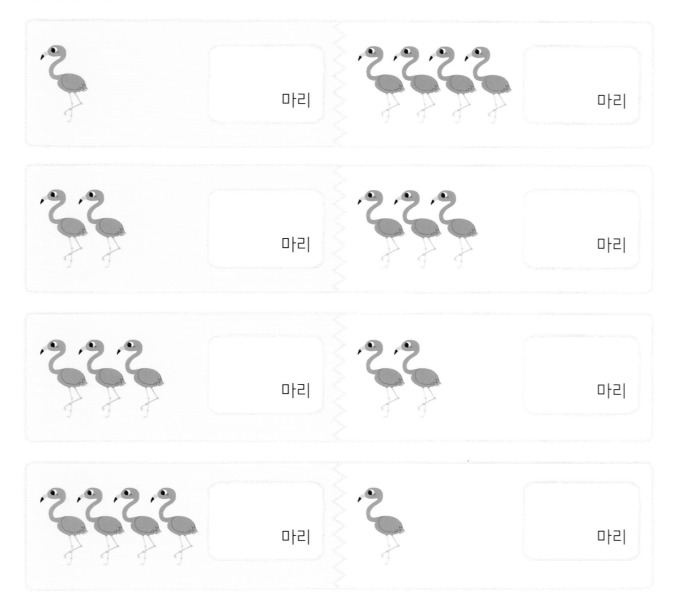

● 토끼가 당근 5개를 가르려고 합니다. 여러 가지 방법으로 갈라보세요. 먼저 당근을 해당하는 수만큼 ○로 묶고, 그다음 빈칸에 알맞은 수를 쓰세요.

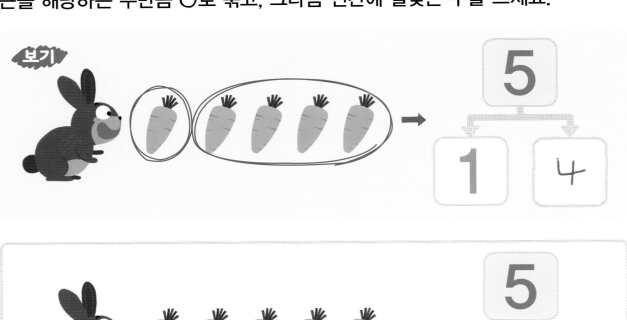

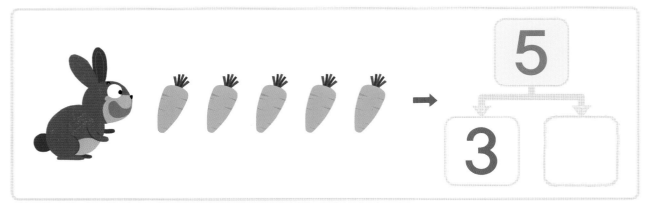

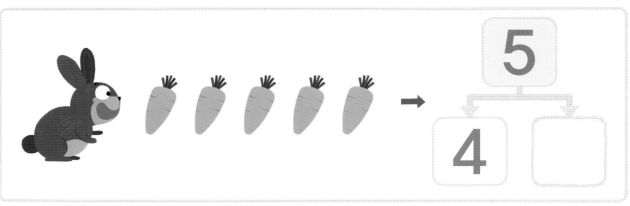

가르기 _ 10보다 작거나 같은 수

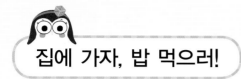

집에 가자, 밥 먹으러!

놀이터에서 놀던 토끼들과 돼지들이 점심을 먹기 위해 집에 가려 합니다. 토끼는 토끼 집에, 돼지는 돼지 집에 가도록 알맞게 스티커를 붙이고, 토끼와 돼지가 각각 총 몇 마리인지 수를 쓰세요. 활동북 2쪽

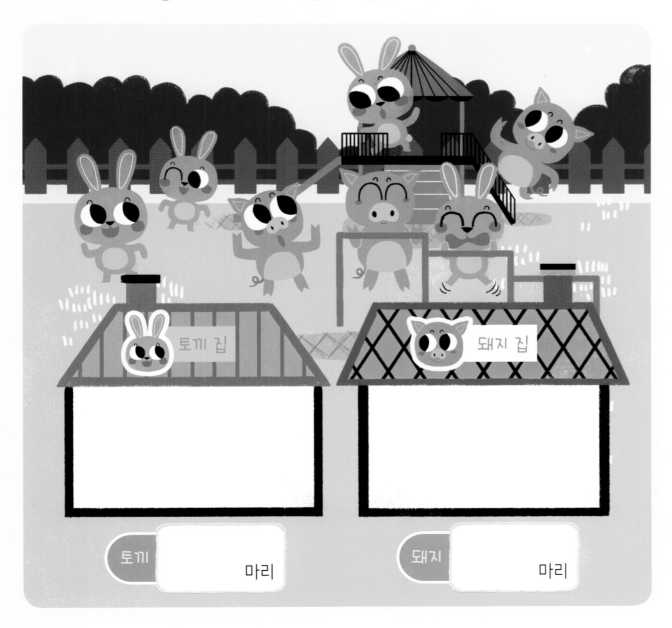

● 과일을 아래 두 접시로 가르기 합니다. 접시에 과일이 각각 몇 개씩인지 알맞은
  수를 쓰세요.

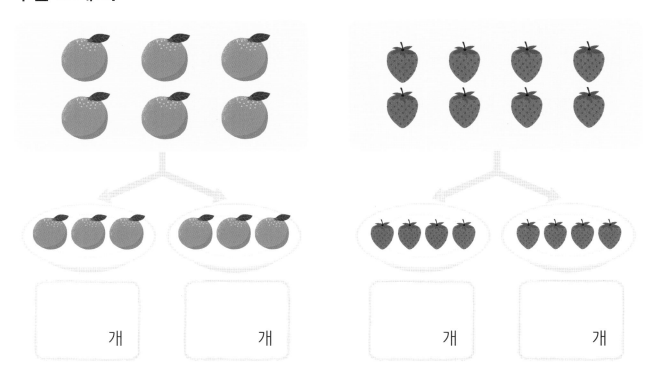

개 　　　　개 　　　　개 　　　　개

● 과일을 아래와 같이 가르기 합니다. 빈칸에 알맞은 과일 수만큼 ○를 그리세요.

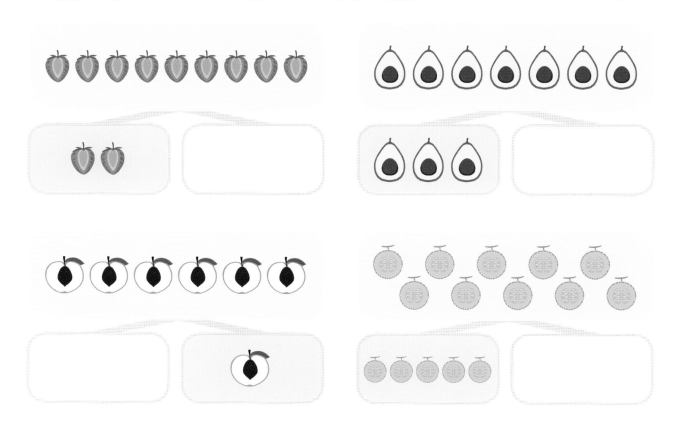

● 10을 다섯 가지 방법으로 가르기 해보세요. 손가락을 이용하여 정답을 찾아봐도 좋아요.

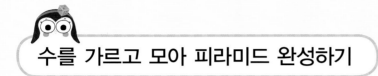
수 피라미드

수를 가르고 모아 피라미드 완성하기

수 피라미드를 완성할 수 있도록 빈칸에 알맞은 수를 써보세요.

● 주차장의 차를 모으려고 합니다. 빈칸에 알맞은 개수로 자동차 스티커를 붙여주세
요. 활동북 3쪽

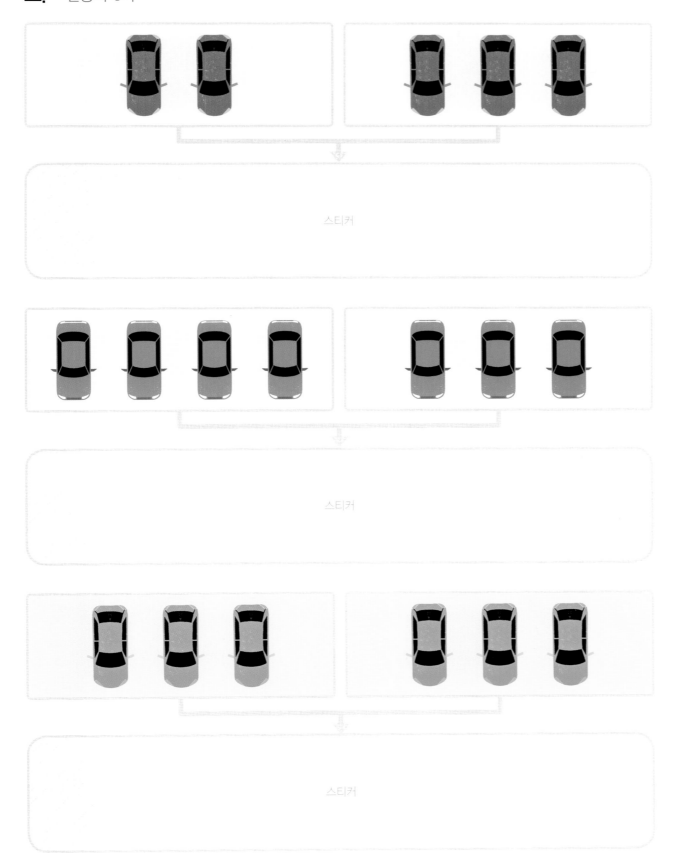

● 오렌지 9개를 가르기 하여, 양쪽 바구니에 오렌지 스티커를 알맞은 개수로 붙여 보세요. 활동북 3쪽

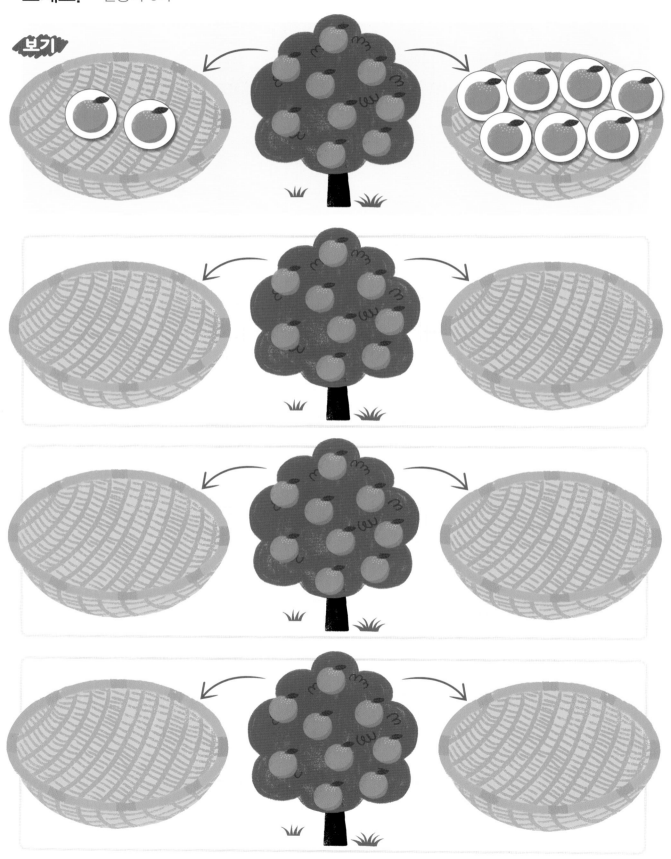

● 12개의 별을 왼쪽의 수만큼 색칠한 다음 오른쪽 빈칸에 남은 별의 개수를 써주
세요.

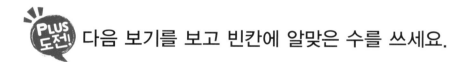 다음 보기를 보고 빈칸에 알맞은 수를 쓰세요.

LET'S PLAY

자동차 뽑기 놀이 활동북 8쪽

① 활동지에서 빨간색 자동차 칩 10개, 파란색 자동차 칩 10개를 오려 한곳에 모아둡니다.

② 주머니를 준비하고 그 안에 **20개의 자동차 칩을 모두 넣고 섞어주세요.**

③ 주머니에 있는 자동차 칩들을 **한 줌 꺼낸 다음 색깔 별로 구분**하여 놓습니다. 그리고 **각각의 개수를 적습니다.**

④ 마지막으로 전체 자동차 개수를 세고, 활동판에 그 수를 적습니다.

확인학습

● 다음 그림을 보고, 답을 쓰세요.

1️⃣ 그림 속 동물들은 모두 몇 마리인가요?

마리

2️⃣ 토끼, 거북이, 오리가 놀고 있는 고무줄 안으로 닭이 들어오면, 고무줄 안의 동물은 모두 몇 마리가 될까요?

마리

3️⃣ 원숭이, 개, 닭이 고무줄 안으로 들어오면, 고무줄 안의 동물은 모두 몇 마리가 될까요?

마리

4️⃣ 다 함께 고무줄 놀이를 하다가 **같은 수로 두 팀을** 만들려고 해요. **한 팀의 동물은 몇 마리일까요?**

마리

● 다람쥐가 도토리를 가르려고 합니다. 빈칸에 알맞은 수를 적고, 도토리를 가르고 묶어보세요.

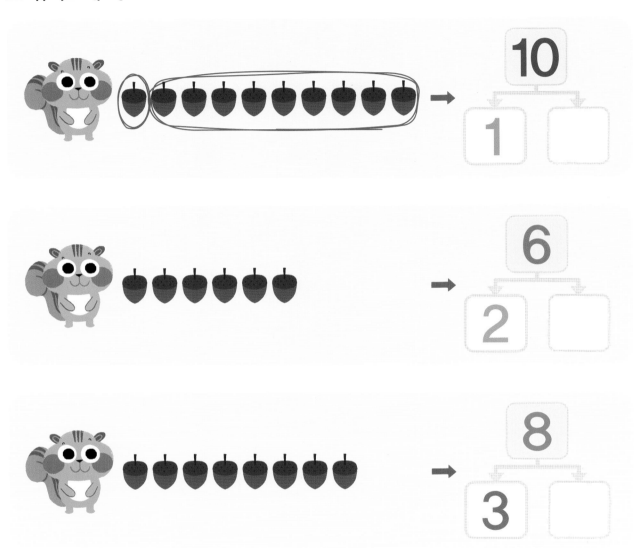

● 2개의 주사위에 있는 점의 개수를 모아 네모 안에 알맞은 수를 쓰세요.

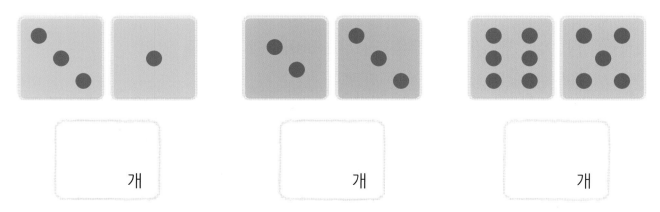

개　　　　　개　　　　　개

● 주사위 눈의 개수를 가르기 했습니다. 빈칸에 들어갈 알맞은 개수의 점을 그려
보세요.

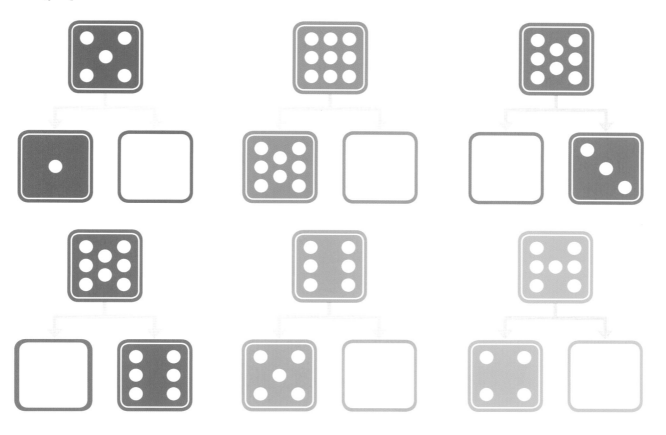

위에 있는 수를 모은 다음, 다시 가르기를 했습니다. 빈칸에 알맞은 수를 써보세요.

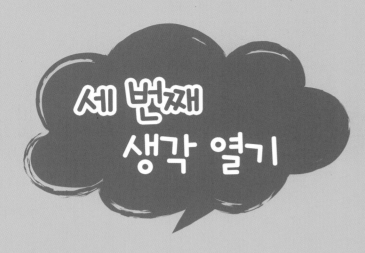

어항 안 숫자 물고기

5개의 어항 안에 수가 적힌 물고기가 한 마리씩 있어요.
어항 안에 물고기 한 마리를 더 넣어서 10을 만들려고 해요.
각각의 어항에 들어갈 알맞은 물고기 스티커를
골라 붙여볼까요?

활동북 2쪽

10 보수표는 10을
만들 수 있는 2개의
수를 짝 지은 표야.

아래의 10 보수표를
익혀서 문제를 풀어보면
도움이 될 거야.

10	1	2	3	4	5
	9	8	7	6	5

개념 탐구 1 10 만들기

수에 따라 길이가 다른 수 막대

수의 크기에 맞추어 길이가 정해진 막대들이 있어요. 펭이가 1부터 10까지 수 막대를 이용해서 수를 나열하려 해요. 수 막대 스티커를 수의 순서대로 붙여보세요. 활동북 4쪽

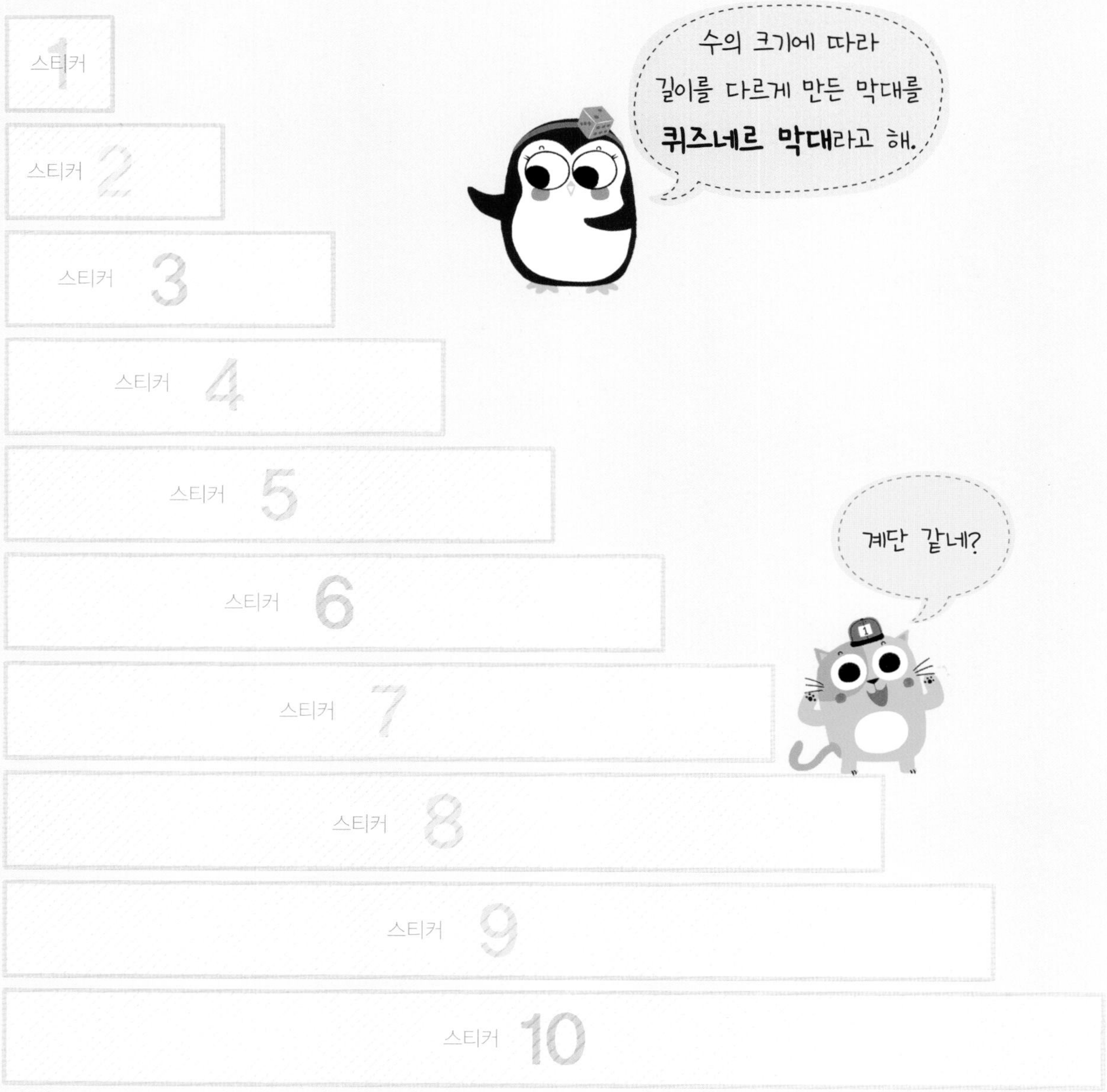
스티커 1
스티커 2
스티커 3
스티커 4
스티커 5
스티커 6
스티커 7
스티커 8
스티커 9
스티커 10
수의 크기에 따라 길이를 다르게 만든 막대를 **퀴즈네르 막대**라고 해.
계단 같네?

● 두 개의 수 막대를 모아 10 크기의 막대를 완성해보세요. 활동북 4쪽

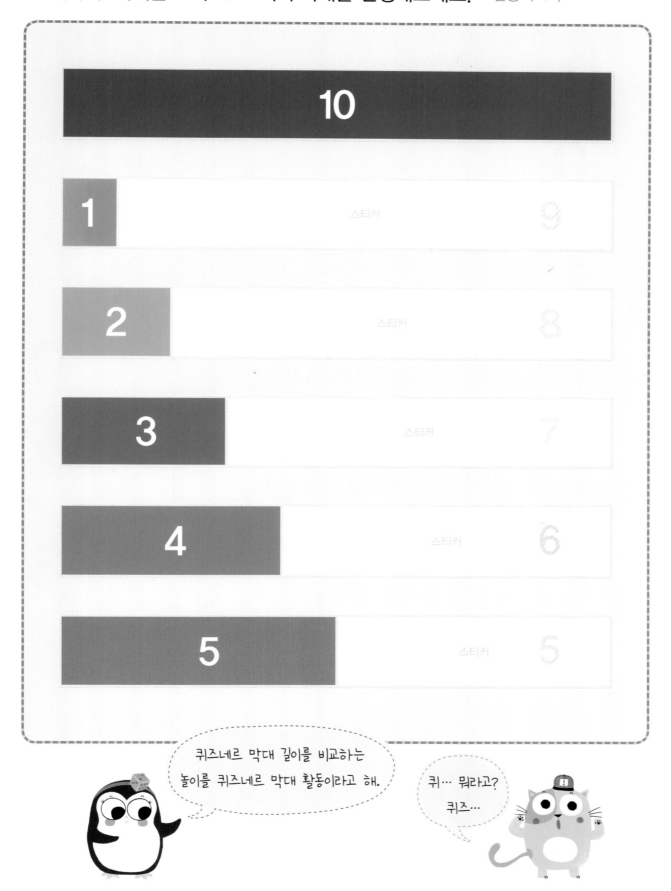

● 다음 중 모아서 10이 되는 수끼리 연결하세요.

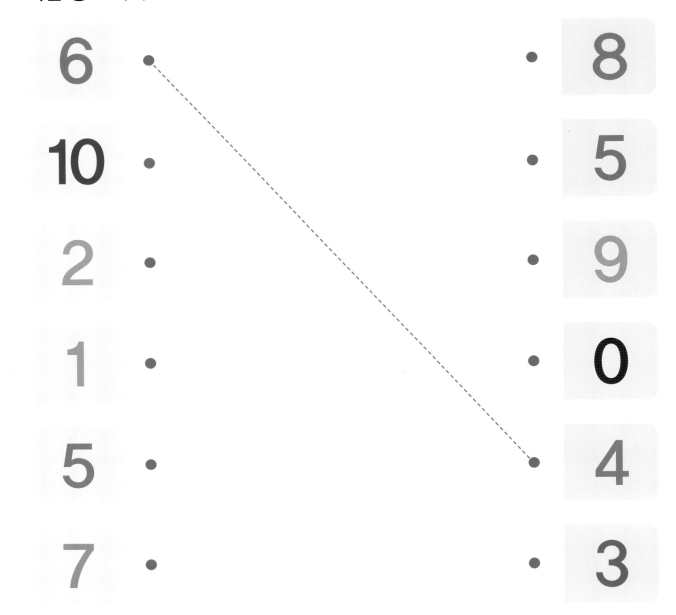

● 하트 안 두 수의 합이 10이 되도록 빈칸에 알맞은 수를 써보세요.

● 냥이와 펭이가 계단을 오르면서 공을 2개 주워 10을 만들려고 해요. 어떤 수가 써 있는 공 2개를 주워야 할까요? 알맞은 공 위에 동그라미 쳐보세요.

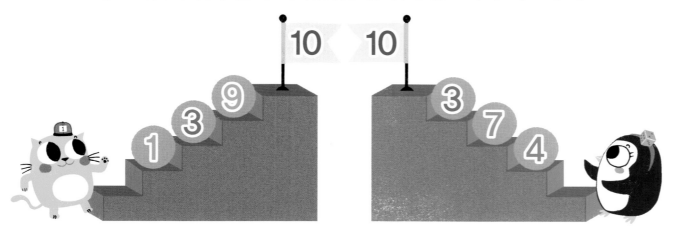

● 이파리에 있는 숫자의 합이 10이 되도록 빈칸에 알맞은 수를 쓰세요.

● 양쪽 주사위 눈의 합이 10이 되도록 빈칸에 주사위 눈을 그려보세요.

냥이와 펭이가 과일을 따 모아 10명의 친구들에게 하나씩 나눠 주기로 했어요.
냥이가 먼저 사과 4개를 따서 바구니에 담았어요. 펭이는 오렌지를 몇 개 따서
바구니에 담아야 할까요? 바구니에 알맞은 개수로 오렌지 스티커를 붙여보세요.

활동북 3쪽

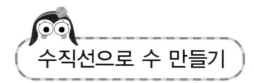

개념탐구 2

수직선을 이용하여
5와 10 만들기

수직선으로 수 만들기

직선을 같은 크기의 간격으로 나누어 수를 표현한 것을 **수직선**이라고 합니다. 수직선을 이용하여 5를 만들어볼까요?

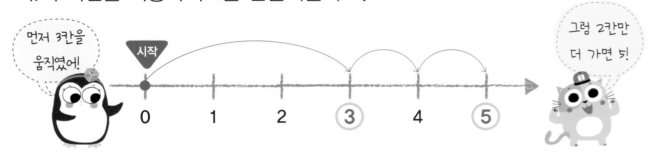

● 친구들이 말하는 수만큼 수직선 위에 이동하는 화살표를 먼저 그린 후 도착한 수에 동그라미를 쳐보세요. 그리고 5까지 가려면 **몇 칸이 남았는지** 남은 칸 수를 세어, 빈칸에 써보세요.

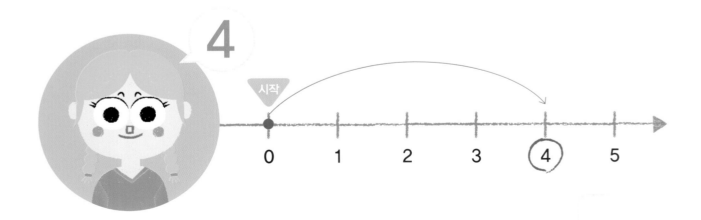

● 수직선 위에 친구들이 말하는 수만큼 이동한 화살표를 그리고, 도착한 수에 동그라미를 치세요. 그리고 **10까지 가려면 몇 칸이 남았는지** 남은 칸 수를 세어, 빈칸에 써보세요.

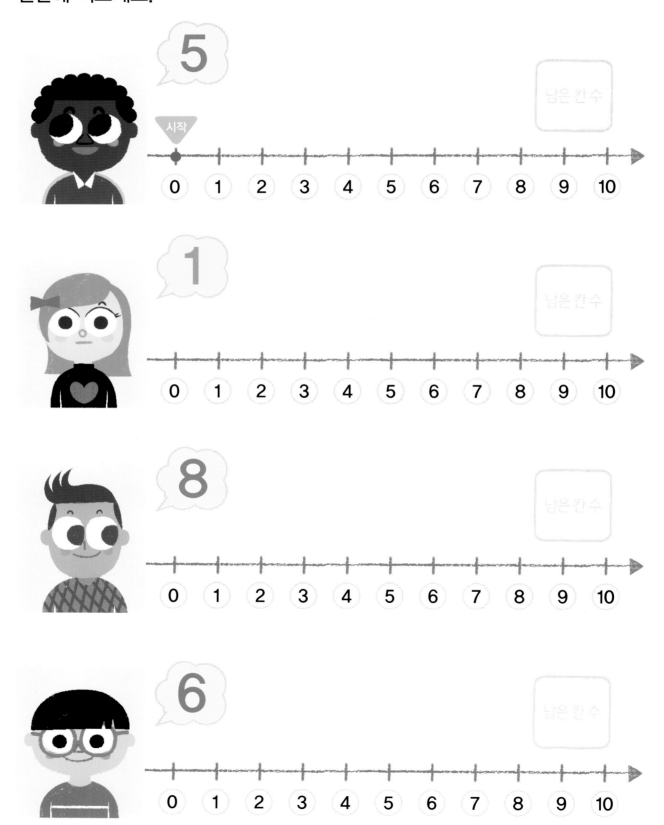

뺄셈을 이용한 10 가르기

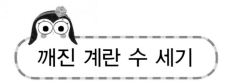

깨진 계란 수 세기

진열대에 계란이 판마다 10개씩 놓여 있어요. 하지만 어떤 판은 계란이 몇 개 깨져서 10개가 안 되기도 해요. 각 판마다 깨진 계란이 몇 개인지 빈칸에 알맞은 수를 써보세요.

오른쪽 그림은 하이에나가 먹고 남은 고기입니다. **하이에나가 먹어 치운 고기는** 몇 개일까요? 알맞은 수를 써보세요.

개

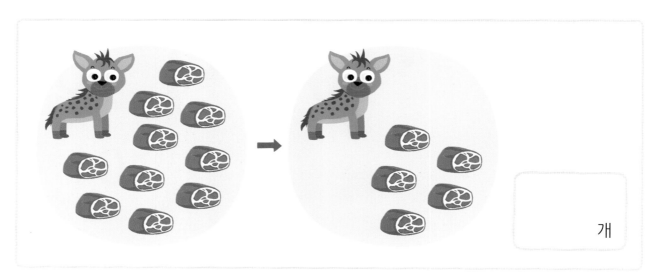

개

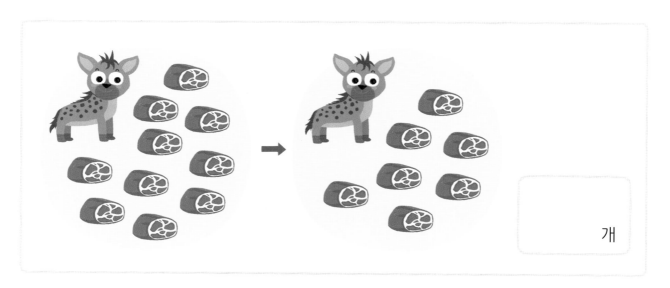

개

다람쥐가 **도토리 10개가 열린 나무**에서 도토리를 따 주머니에 담았어요. 주머니 안 도토리 개수를 보고 나무에 남은 도토리의 수를 맞혀보세요. 그리고 나무에 알맞은 개수의 도토리 스티커를 붙여보세요. 활동북 3쪽

보기

LET'S PLAY

물고기 수 카드 놀이 활동북 9쪽

1 활동북에서 9장의 물고기 수 카드를 오리세요.

2 수가 보이지 않게 뒤집어 물고기 그림이 보이도록 가운데 흩어 놓습니다.

3 두 사람이 번갈아 가며 수가 보이게 카드를 뒤집어 놓습니다.

4 뒤집힌 카드의 수를 보다가 합해서 10이 되는 카드 2장을 발견하면, "10 완성!"을 외치고, 해당 카드 2장을 집어 올립니다.

5 더 이상 뒤집을 카드가 없으면 게임이 끝나고, 10을 만든 카드 묶음이 가장 많은 사람이 이깁니다.

수가 보이지 않게 뒤집어 놓고 시작해.

합해서 10이 되는 카드 2장을 발견하면 "10 완성"을 외쳐.

확인학습

● 더해서 10이 되는 부분만 색을 칠해보세요.

● 손가락의 개수와 합하면 10이 되는 수에 선을 그어보세요.

● 10을 두 수로 가르기 하여 빈칸에 알맞은 수를 써넣으세요.

10	1	3	4	6	7	2	9	5
	9				3			

● 두 수를 모아서 10이 되도록 알맞은 수끼리 선으로 이어보세요.

9   5   4   3   8

2   1   5   7   6

● 10을 만들 수 있는 두 수를 찾은 다음 좋아하는 색으로 칠해보세요.

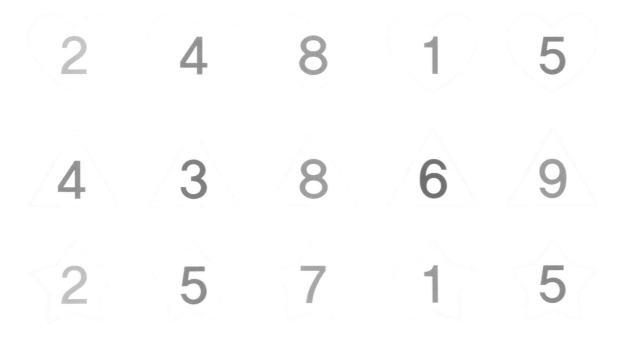

2   4   8   1   5

4   3   8   6   9

2   5   7   1   5

● 손가락을 합쳐서 5개가 되도록 알맞은 그림끼리 이어보세요.

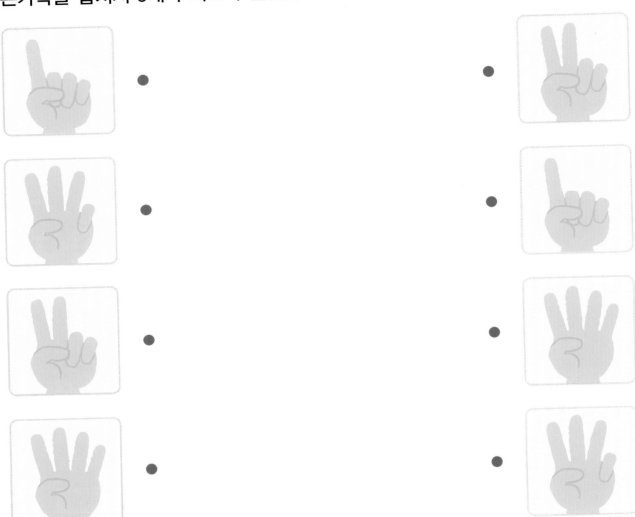

● 두 수를 모아서 나온 수를 빈칸에 써보세요.

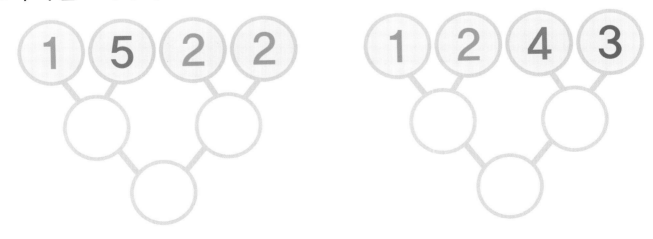

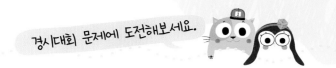

● 8장의 수 카드에서 **2장을 뽑아 합이 10이 되게** 하는 방법은 몇 가지가 있는지 써보세요.

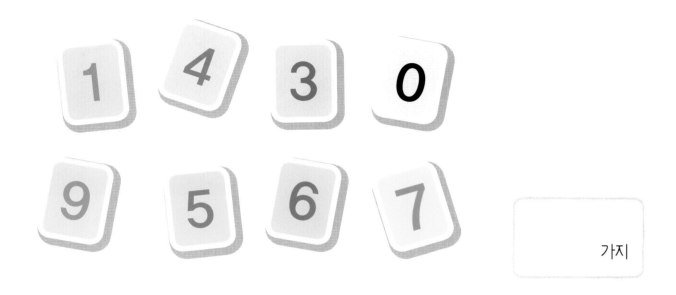

가지

● 두 수를 아래로 모으기 했습니다. 빈칸에 알맞은 수를 쓰세요.

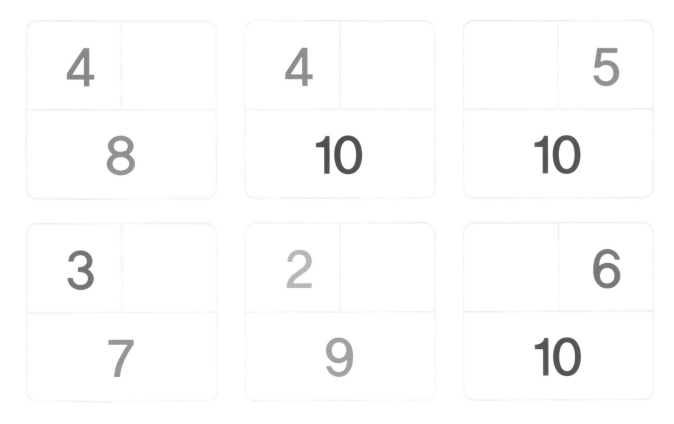

● 수가 정해진 도형이 있습니다. 빈칸에 들어간 **도형들을 모두 합하면 어떤 수가** 되는지 빈칸에 써주세요.

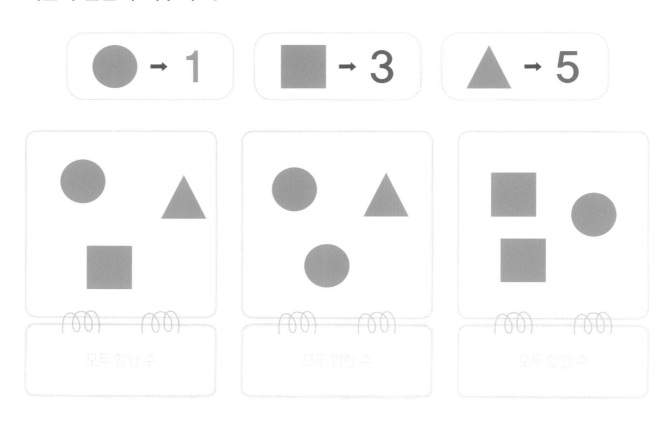

● 두 수의 합이 10이 되는 두 수를 찾아 선으로 이어보세요.

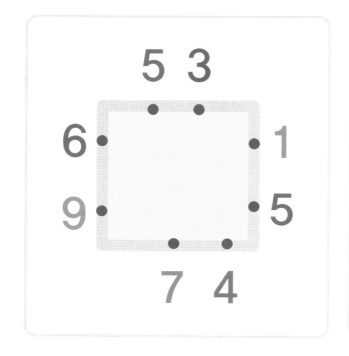

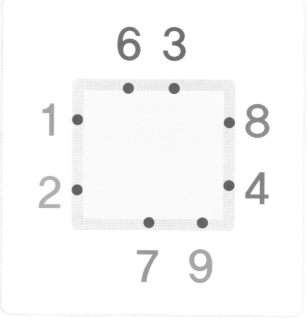

● 모으면 ☆안의 수가 되는 **두 수**를 찾아 색칠해보세요.

5 → 1 2 6 4 0

10 → 5 3 8 2 9

7 → 1 2 3 8 5

6 → 2 3 4 1 0

● 수를 모으기 하여 피라미드를 완성하였습니다. 빈칸에 알맞은 수를 쓰세요.
  (0에서 10까지 수를 사용하세요.)

9   10
5   4
2   3
1 2   0 1

● 냥이가 **한 번에 한 칸씩 뛰어** 앞으로 갑니다. 냥이가 **5에서 출발하여 10까지 도착하려면 몇 번을 뛰어야** 하는지 써보세요.

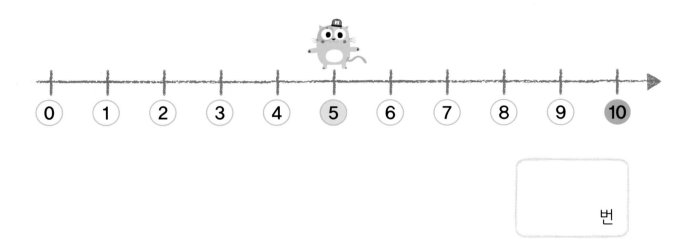

번

● 보기와 같이 10은 서로 다른 수로 가를 수 있습니다. **10을 서로 다른 수 3개로 가르기** 했을 때 빈칸에 알맞은 수를 쓰세요.

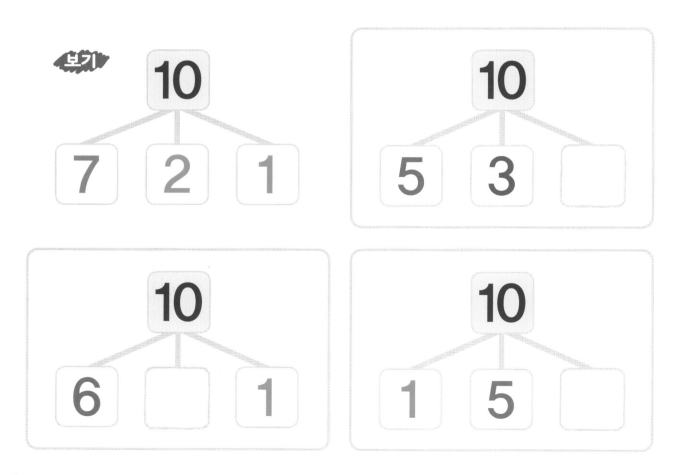

● 가르기와 모으기 그림에서 빈칸에 알맞은 수를 써보세요.

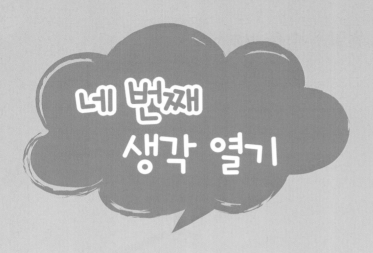

네 번째 생각 열기

딸기와 토마토 따기

펭이와 냥이가 밭에서 딸기와 토마토를 따고 있어요.

펭이가 딸기 3알과 토마토 2개를 바구니에 모아 담았어요.

바구니 안 과일은 모두 몇 개일까요?

과일 스티커를 바구니 안에 붙여보세요. 활동북 2쪽

10보다 작은 수의 덧셈식

덧셈식 익히기

두 개의 수를 모아서 합한 수로 나타내는 것을 **덧셈식**이라고 해요.

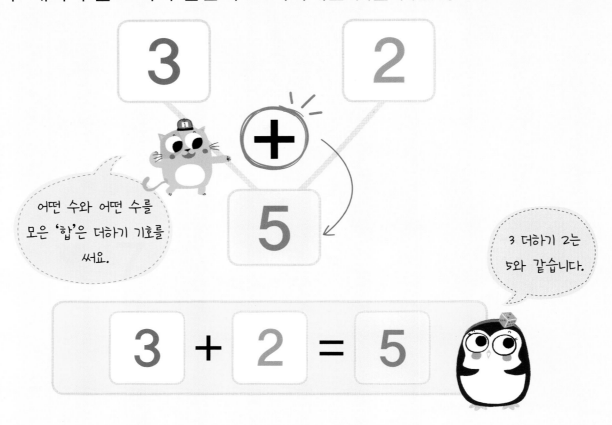

어떤 수와 어떤 수를 모은 '합'은 더하기 기호를 써요.

3 더하기 2는 5와 같습니다.

3 + 2 = 5

수직선으로 표현할 수도 있어요.

3과 2의 합은 5입니다.

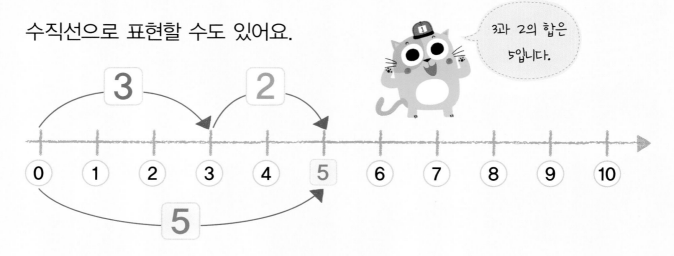

● 그림을 보고 빈칸에 알맞은 수를 써보세요.

→ 5 + 3 =

→ 4 + 6 =

→ 2 + 5 =

● 너구리가 수가 적힌 피아노 건반 위를 뛰어요. 보기처럼 덧셈식의 수만큼 건너 뛴 화살표를 그리고, 빈칸에 알맞은 수를 써보세요.

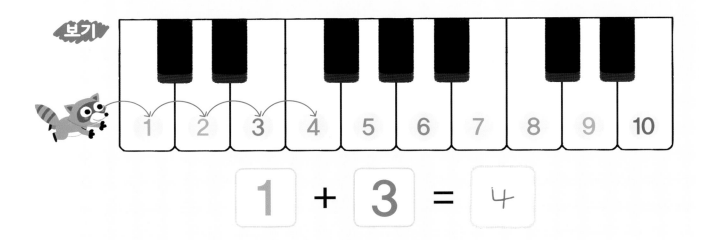

$$1 + 3 = 4$$

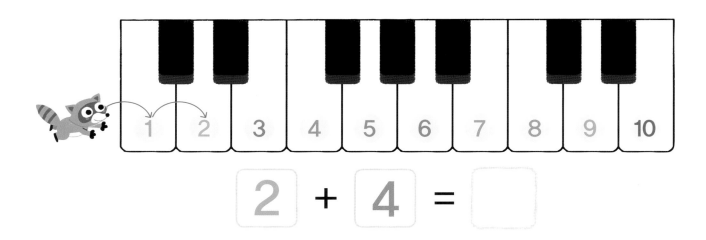

$$2 + 4 = $$

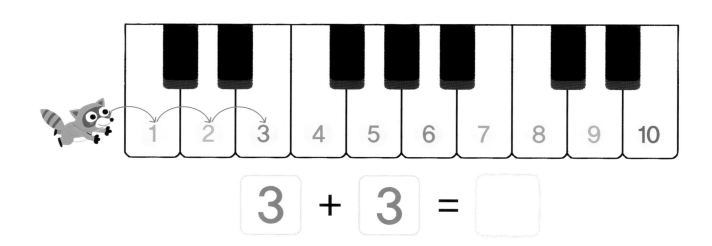

$$3 + 3 = $$

● 양쪽 농구공을 바구니에 모으려고 합니다. 바구니에 모은 농구공을 스티커로 붙이고, 개수와 식을 써보세요. 활동북 5쪽

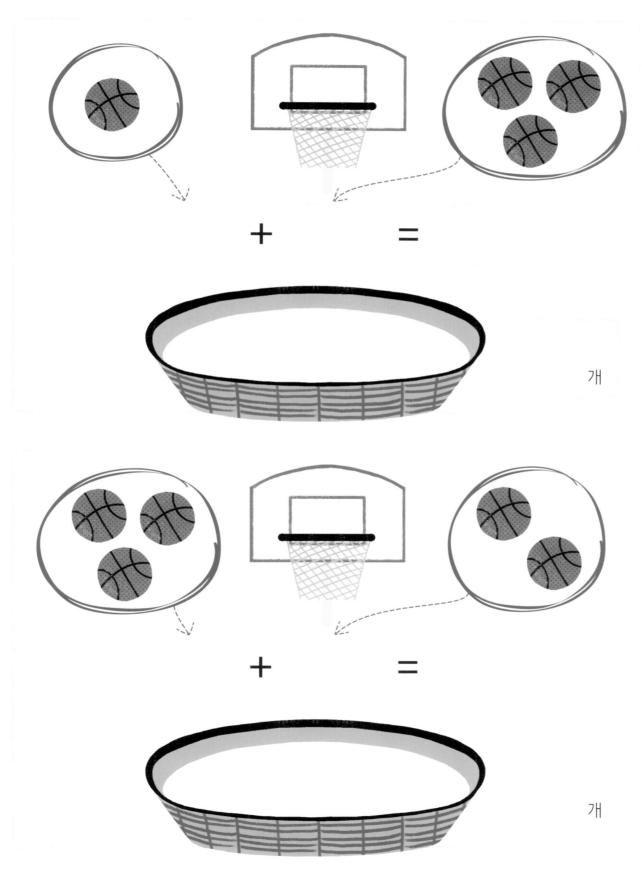

+   =

개

+   =

개

● 불이 났어요! 소방차가 빨리 불을 끄러 가야 해요. 소방차는 **더해서 10이 되는 칸으로만 이동**할 수 있어요. 더해서 10이 되는 칸을 찾아 색칠한 후 소방차가 지나갈 길을 만들어보세요.

2+8	2+5	5+6	7+1	1+1
7+3	5+5	3+4	6+1	2+2
5+2	1+9	3+3	4+2	1+8
4+4	6+4	3+7	9+1	4+6
2+6	7+1	4+5	6+2	5+5

● 수를 나눌 수 있는 방법은 여러 가지예요. 보기를 참고하여 나머지 문제도 2가지 방법으로 수를 나눌 때 빈칸에 들어갈 알맞은 개수의 점을 그려보세요.

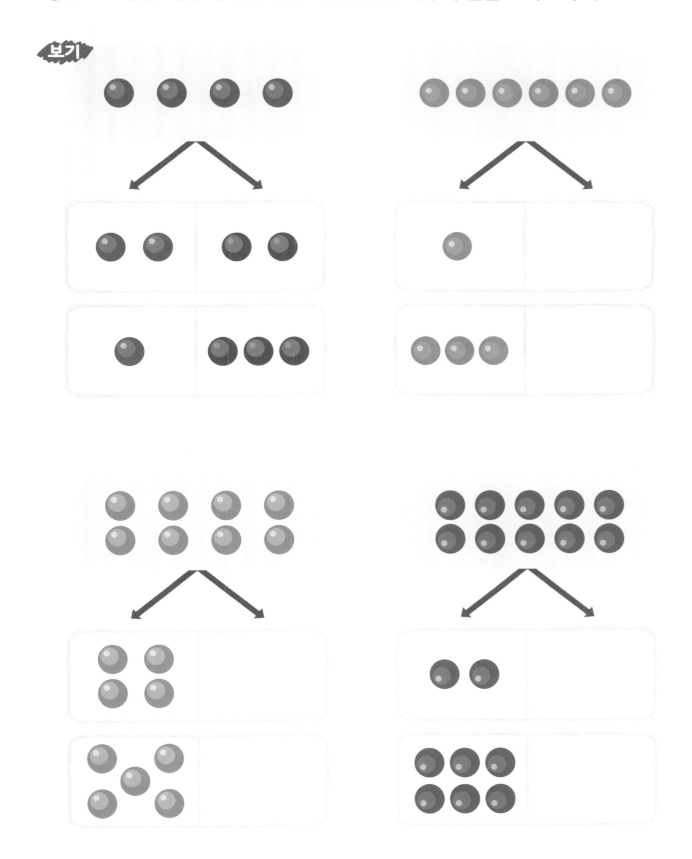

구슬을 두 묶음으로 나누는 방법은 여러 가지예요. 보기처럼 빈칸에 구슬을 알맞은 수대로 그려 넣으세요.

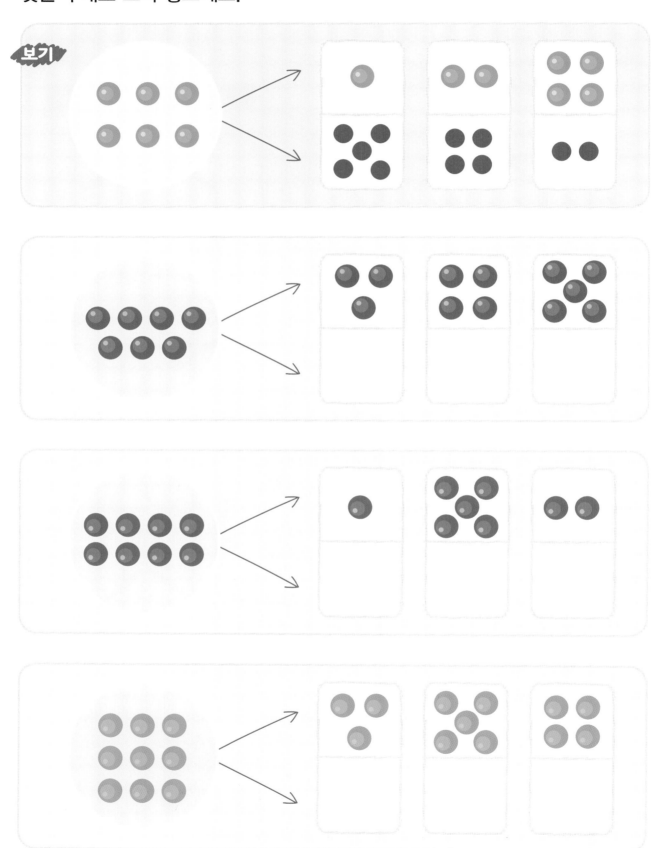

● 보기와 같이 다음 문제의 빈칸에 알맞은 수를 적어보세요.

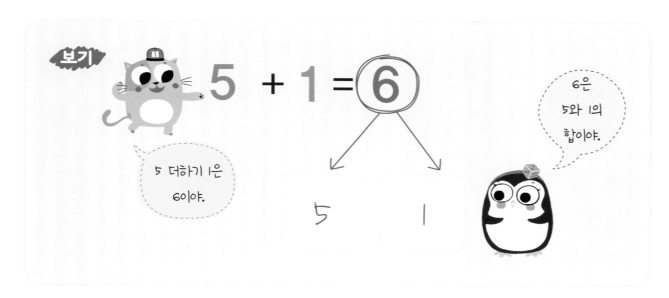

$5 + 4 = 9$

$2 + 5 = 7$

$8 + 1 = 9$

$4 + 2 = 6$

● 보기를 참고하여 빈칸에 알맞은 수를 써보세요.

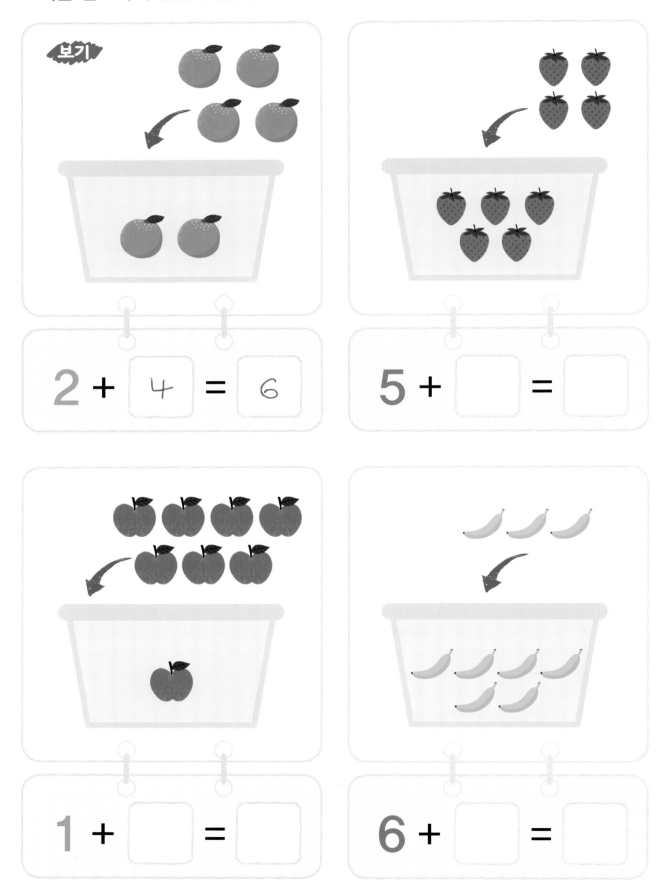

보기

$2 + 4 = 6$

$5 + = $

$1 + = $

$6 + = $

사과를 모아서 주스 만들기

냥이와 펭이가 빨간 사과 10개, 초록 사과 5개를 믹서기에 넣고 갈아 사과 주스를 만들었어요. 사과 주스 안에는 전부 몇 개의 사과가 들어있을까요? 아래 빈칸에 알맞은 수를 써보세요.

빨간 사과		초록 사과		사과 주스에 넣은 전체 사과 수
	+		=	
개		개		개

77

● 주사위 눈의 수를 모두 모은 개수를 덧셈식으로 나타내보세요.

보기

[주사위: 5] + [주사위: 5] → 5 + 5 = 10

[주사위: 5] [주사위: 4] → ☐ + ☐ = ☐

[주사위: 6] [주사위: 6] → ☐ + ☐ = ☐

● 그림을 보고 빈칸에 알맞은 수를 써보세요.

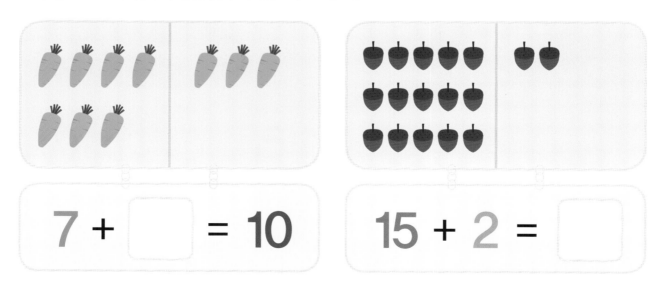

7 + ☐ = 10   15 + 2 = ☐

주머니 안에 담긴 사탕을 모으려고 해요. 보기를 참고해서 빈칸에 들어갈 부호를 써주세요. 또 비어있는 주머니에 필요한 사탕 개수만큼 사탕 스티커를 붙여주세요. 활동북 5쪽

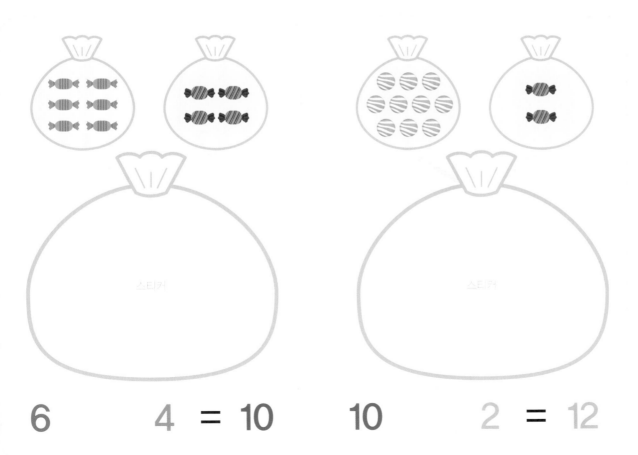

6   4 = 10   10   2 = 12

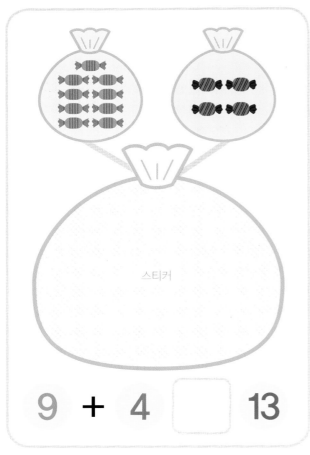

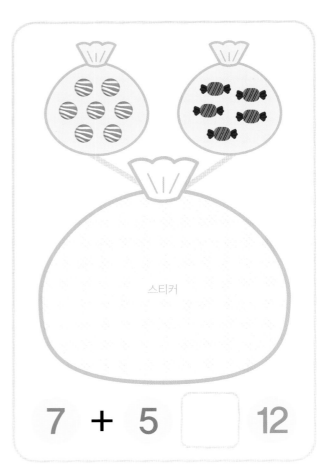

9 + 4 □ 13

7 + 5 □ 12

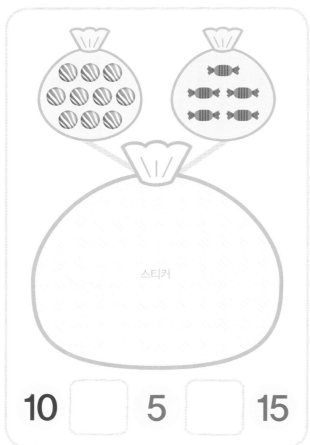

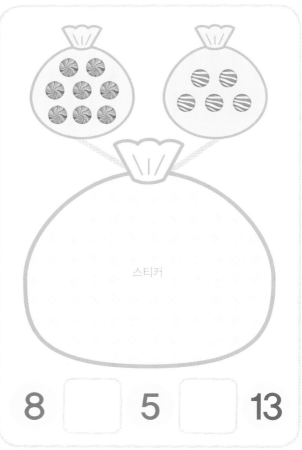

10 □ 5 □ 15

8 □ 5 □ 13

덧셈을 표현하는 다양한 방식

멀리뛰기 대회

냥이, 펭이, 다람쥐가 멀리뛰기를 합니다. 각자 2번 뛴 거리를 모두 합쳐 누가 가장 멀리 뛰었는지 알아볼까요? 주어진 수에 해당하는 막대 스티커를 붙이고, 덧셈식의 빈칸도 완성해보세요. 마지막으로 1등, 2등, 3등 자리에 알맞은 동물 친구 스티커를 붙여주세요.   활동북 6쪽

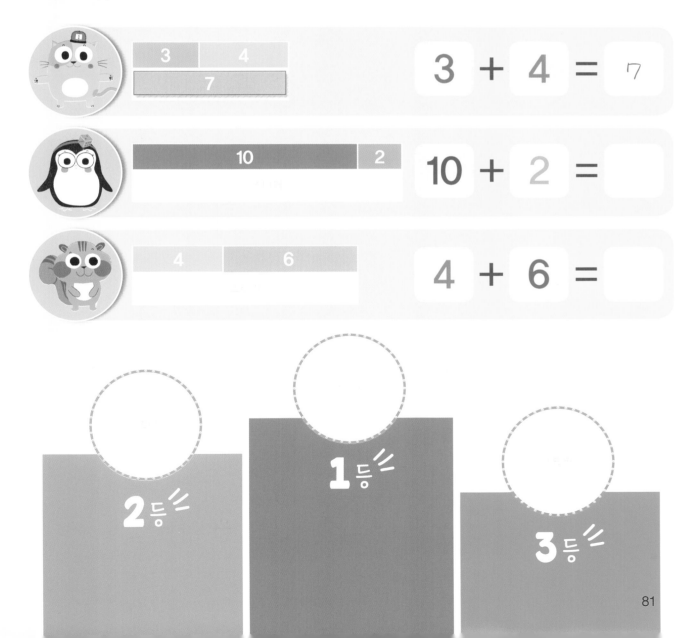

보기

3 + 5 = 8

3 더하기 5는 8과 **같습니다.**

☐ + ☐ = ☐

☐ 더하기 3은 ☐ 과 **같습니다.**

☐ + ☐ = ☐

☐ 더하기 ☐ 는 ☐ 과 **같습니다.**

● 손가락으로 수를 세어 더하기를 한 후 빈칸에 알맞은 수를 쓰세요.

5 + 3 = 8

7 + 2 =

6 + 4 =

9 + 1 =

누가 더 큰 수를 가졌을까? 활동북 10쪽

① 카드에 있는 눈의 개수가 보이지 않게 카드를 뒤집어 놓습니다.

② 두 장을 선택해서 눈의 개수를 확인하고 덧셈식으로 표현합니다.

③ 식의 답이 더 큰 수가 나오면 이깁니다.

④ 활동판에 답을 쓰고 더 많이 이긴 사람이 최종 승자가 됩니다.

확인 학습

● 두더지가 고구마를 찾으러 땅굴 미로를 지나갑니다. 미로에 적힌 덧셈식을 따라 가면서 ○안에 알맞은 수를 쓰세요.

● 빈칸에 알맞은 수를 써보세요.

+	1
2	3
3	
5	
7	

2+1=3

1+6=7

+	1	2	3	4
6	7			

● 두 수를 모아 빈칸에 알맞은 수를 써보세요.

10	3

13

5	5

12	2

11	1

10	2

5	10

양쪽 통나무에 적힌 덧셈식의 답을 찾아 선을 그어보세요.

● 냥이와 펭이가 연필을 샀습니다. 냥이는 6자루, 펭이가 4자루 샀을 때 둘이 산
연필을 합치면 모두 몇 자루일까요? 빈칸에 알맞은 수를 써보세요.

6 자루   +   4 자루   =   　　 자루

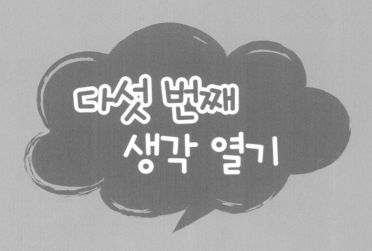

아기 돼지 삼형제

아기 돼지 삼형제가 빵을 먹으려 해요.
그런데 접시에 담긴 빵의 개수가 서로 달랐어요.
삼형제는 각자 자신의 접시 위 빵을 한 개 씩만 먹기로 했어요.
삼형제의 접시에는 각각 몇 개의 빵이 남을까요?
각 접시에서 아기 돼지들이 먹은 빵에 ✕표시를 해주고,
빈칸에 알맞은 수를 써보세요.

빵을 다 먹었어.
남은 게 없네.
그럼 몇 개야?

하나도 남지
않은 걸 나타내는
수를 써야지!

2 − 1 =

3 − 1 =

1 − 1 =

수의 차이는 뺄셈

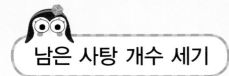

남은 사탕 개수 세기

왼쪽의 수만큼 사탕에 ×표시를 하고, 남은 사탕의 개수를 쓰세요.

3	5 개
2	개
6	개
7	개
5	개
1	개
4	개
8	개

● 보기처럼 짝을 지어 선으로 연결하고 남은 것의 개수를 쓰세요.

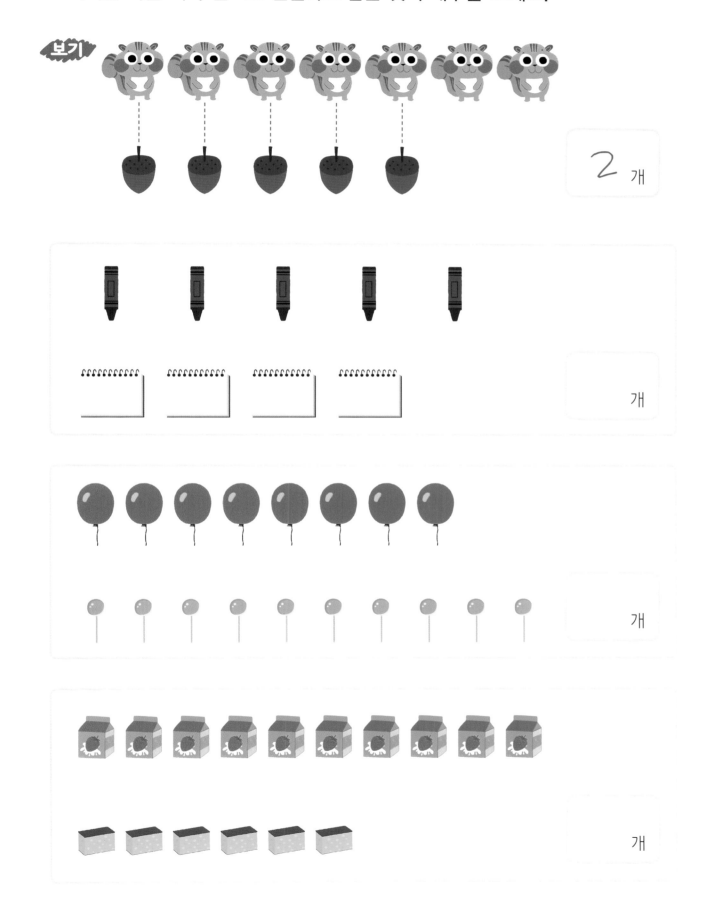

2 개

개

개

개

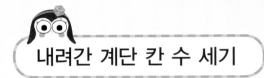

내려간 계단 칸 수 세기

냥이가 들고 있는 사탕 봉지에서 사탕 한 개가 빠져나와 계단에 굴러
떨어졌어요. 사탕이 몇 칸 굴러 떨어졌는지 화살표로 그려보세요.
또 사탕이 놓인 칸이 몇 번째 칸인지 알아보세요.
마지막으로 빈칸에 알맞은 수를 써보세요.

하나의 수를 두 개의 수로 나누는 것을 **가르기**라고 해.
이것을 **뺄셈식**으로 표현할 수 있어.

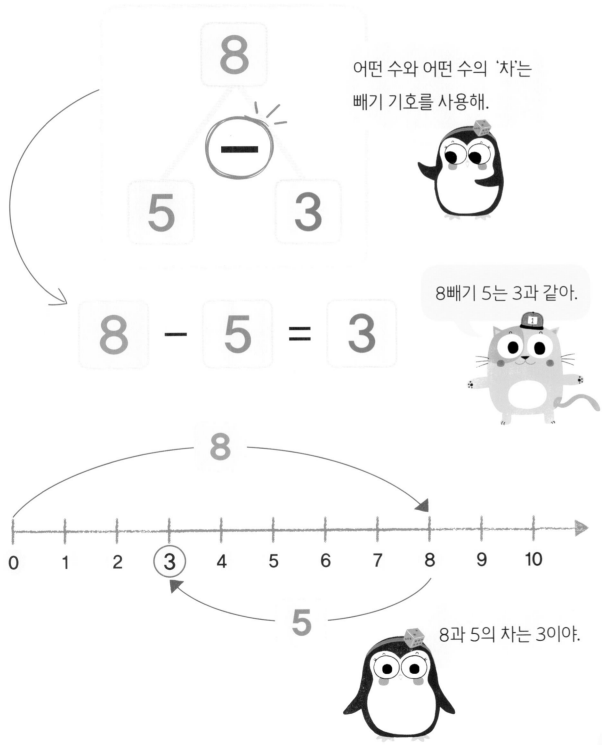

8

$-$

5   3

어떤 수와 어떤 수의 '차'는
빼기 기호를 사용해.

8 − 5 = 3

8빼기 5는 3과 같아.

8

0 1 2 ③ 4 5 6 7 8 9 10

5

8과 5의 차는 3이야.

● 동물 친구들이 계단을 내려가고 있어요. 내려간 계단 수를 화살표로 표시하고, 동물 친구들이 각자 지금 몇 번째 계단에 있는지 뺄셈식으로 나타내보세요.

$$9 - 3 = 6$$

$$8 - \boxed{} = \boxed{}$$

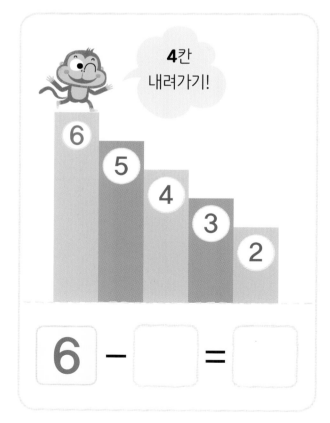

$$6 - \boxed{} = \boxed{}$$

$$7 - \boxed{} = \boxed{}$$

앞뒤로 이동하는 개구리의 위치를
수직선으로 나타내고, 식으로도 표현할 수 있어요.

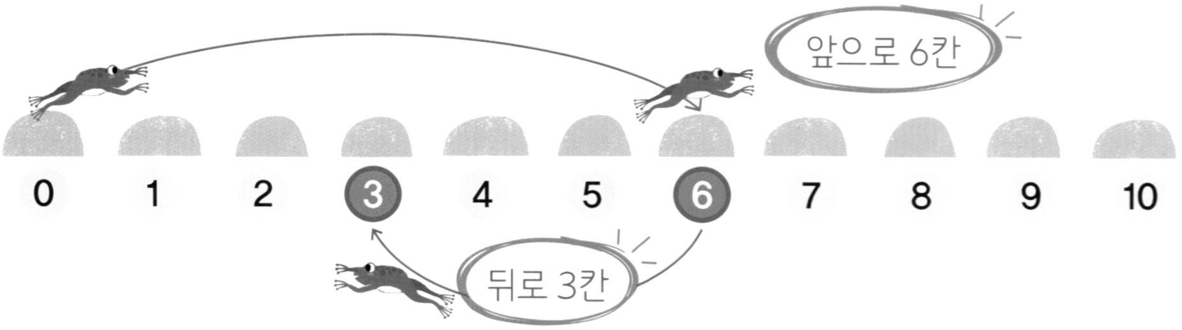

앞으로 6칸

0 1 2 3 4 5 6 7 8 9 10

뒤로 3칸

$$6 - 3 = 3$$

개구리가 **뒤로 5칸** 이동했어요. 빈칸에 알맞은 수를 쓰세요.

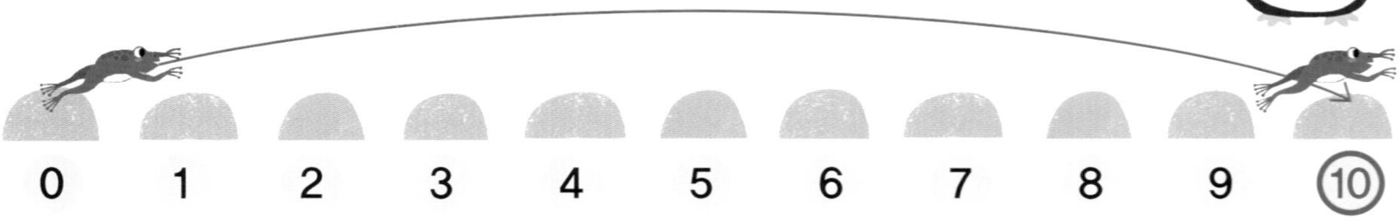

0 1 2 3 4 5 6 7 8 9 ⑩

$$10 - \boxed{} = \boxed{}$$

개구리가 **뒤로 4칸** 이동했어요. 빈칸에 알맞은 수를 쓰세요.

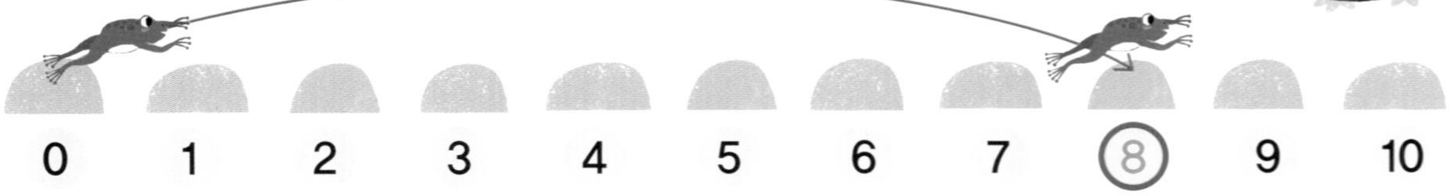

0 1 2 3 4 5 6 7 ⑧ 9 10

$$8 - \boxed{} = \boxed{}$$

PLUS 도전! 보기를 참고하여 나머지 빈칸에 알맞은 수를 쓰세요.

보기

$$10 - 3 = 7$$

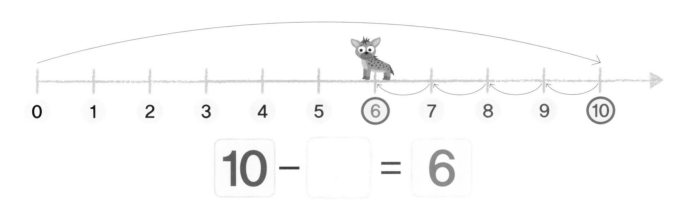

$$10 - \boxed{} = 6$$

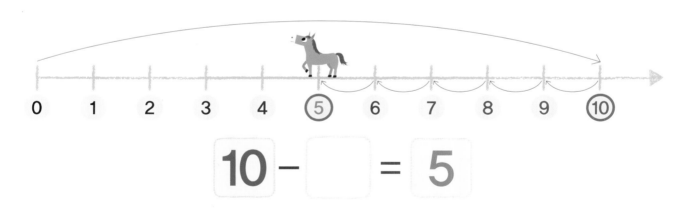

$$10 - \boxed{} = 5$$

$$10 - \boxed{} = 3$$

어떤 수를 빼야 할까요?

남아있는 상자 수 구하기

트럭에 상자가 8개 실려 있었어요. 그런데 그만 상자 2개가 땅으로 떨어졌어요. 트럭에 남아있는 상자는 모두 몇 개일까요? 아래 뺄셈식의 빈칸에 알맞은 수를 써보세요.

$$8_{개} - \boxed{}_{개} = \boxed{}_{개}$$

냥이와 펭이가 닭다리를 3개만 남기고 먹으려고 해요. 각각의 접시에서 닭다리
를 몇 개 먹어야 할까요? 먹은 닭다리 위에 뼈다귀 스티커를 붙이고 빈칸에 알
맞은 수를 쓰세요. 활동북 6쪽

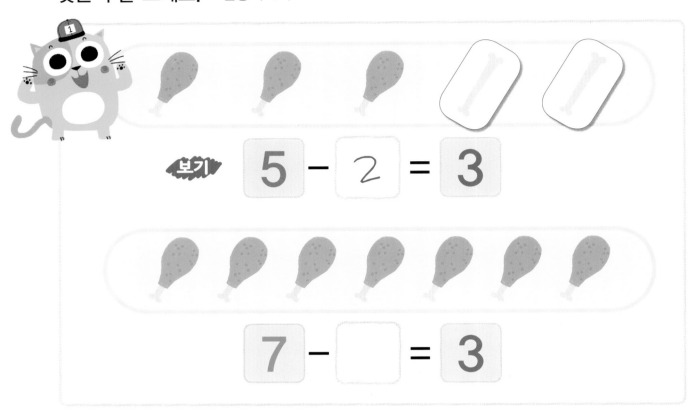

보기

$5 - 2 = 3$

$7 - \boxed{} = 3$

$4 - \boxed{} = 3$

$6 - \boxed{} = 3$

사자와 원숭이가 닭다리를 2개만 남기고 먹으려고 해요. 각각의 접시에서 닭다리를 몇 개 먹어야 할까요? 먹은 닭다리 위에 뼈다귀 스티커를 붙이고 빈칸에 알맞은 수를 쓰세요. 활동북 6쪽

5 -   = 2

7 -   = 2

4 -   = 2

6 -   = 2

**LET'S PLAY**

덧셈 뺄셈 주사위 놀이 활동북 11-12쪽

▶ 오른쪽 활동판을 이용하세요.

1

주사위 3개 준비하기

1부터 6까지 적힌 주사위 2개와 더하기, 빼기 부호가 적힌 주사위 1개를 준비합니다.

2

가위바위보로 순서 정하기

2명이 가위바위보를 해서 순서를 정합니다. 이긴 사람이 먼저 시작합니다.

3

주사위를 던져 나온 수만큼 이동하기

차례대로 한 사람씩 3개의 주사위를 굴리고 주사위에 나온 수와 부호를 사용해서 계산한 결과의 수만큼 앞 칸으로 말을 이동합니다.(빼기가 나왔을 때는, 큰 수에서 작은 수를 뺍니다.)

4

번갈아가며 차례대로 진행하기

번갈아가며 진행하고 먼저 도착한 사람이 이깁니다.

ACTIVE BOARD

● 다음 그림을 보고 물음에 답하세요.

1 동물들이 각각 몇 마리 있는지 쓰세요.

 마리    마리    마리

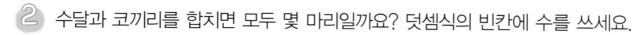

2 수달과 코끼리를 합치면 모두 몇 마리일까요? 덧셈식의 빈칸에 수를 쓰세요.

마리 ＋ 마리 ＝ 마리

3 코끼리와 홍학을 합치면 모두 몇 마리일까요? 덧셈식의 빈칸에 수를 쓰세요.

마리 ＋ 마리 ＝ 마리

 PLUS 도전!

4 가장 많은 수의 동물과 가장 적은 수의 동물의 차는 얼마일까요? 뺄셈식의 빈칸에 알맞은 수를 쓰세요.

마리 － 마리 ＝ 마리

● 보기와 같이 손가락을 이용해서 세로셈의 빈칸에 수를 쓰세요.

보기

$4 - 3 = 1$

손가락을 이용해보아도 좋아. 손가락 4개를 펼치고, 3개를 접으면 몇 개가 남을까?

$$\begin{array}{r} 4 \\ -\ 3 \\ \hline 1 \end{array}$$

6
− 2
4

5
− 1

맨 처음 수만큼 펼친
손가락에서 빼려는 수만큼
접어보는 방법도 있어.

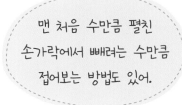

8
− 1

9
− 2

4
− 1

2
− 1

5
− 4

6
− 3

$$4 - 3 = 1$$

	4	
4		− 3
3	1	1

$$7 - 2 =$$

7

	7
	− 2

$$5 - 1 =$$

	5
	− 1

$$6 - 3 =$$

	6
	− 3

● 빈칸에 들어가는 수 중에서 **가장 큰 수**는 무엇인가요? 답칸에 써보세요.

$$4 + \boxed{} = 10 \qquad \boxed{} - 1 = 3$$

$$2 + 3 = \boxed{}$$

답 ⬚

● 아래 빈칸에 위 칸의 바둑돌을 따라 같은 개수로 그리고, 거기에 바둑돌을 하나 더 그리세요. 새로 그린 바둑돌은 모두 몇 개인가요?

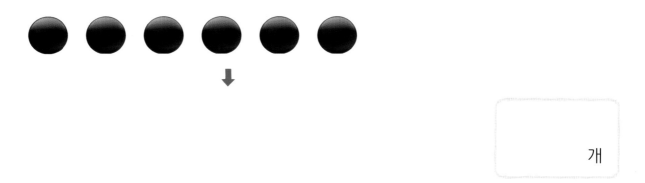

⬚ 개

● 그림에서 복숭아는 수박보다 몇 개 더 많은가요? 알맞은 수를 쓰세요.

⬚ 개

● 그림에서 ⬤모양을 2개 지운 그림을 그리세요.

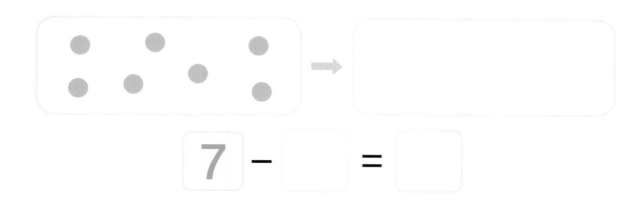

$$7 - \boxed{} = \boxed{}$$

● 5보다 1작은 수에 2를 더하면 얼마인지 수를 써보세요.

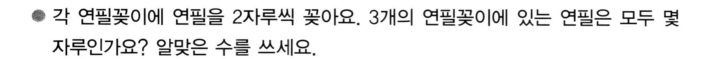

● 각 연필꽂이에 연필을 2자루씩 꽂아요. 3개의 연필꽂이에 있는 연필은 모두 몇 자루인가요? 알맞은 수를 쓰세요.

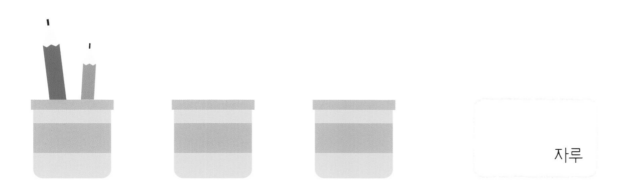

자루

● 8보다 1 작은 수는 어떤 수보다 1 큰 수일까요? 어떤 수가 무엇인지 빈칸에 쓰세요.

● 주머니 안에 ⬤가 3개 있습니다. 주머니 안에 ⬤가 8개가 되려면 몇 개를 더 넣어야 하는지 알맞은 수를 써보세요.

개

● ⬤와 ▲를 한 칸에 하나씩 그려넣을 수 있습니다. ⬤는 5개 그려넣었고, ▲는 6개를 그려넣으려 합니다. ⬤와 ▲가 차지한 칸은 모두 몇 개일까요? 6개의 ▲를 한 칸에 하나씩 그려넣고, 덧셈식의 빈칸에 알맞은 수를 써보세요.

⬤	⬤	⬤	⬤	⬤

5 + ☐ = ☐

5 더하기는 ☐ 은(는) ☐ 과 같습니다.

● **남아있는 나비의 수를** 알아보려고 합니다. 알맞은 식을 찾아 번호를 써주세요.

① 4 + 6 = 10

② 6 + 4 = 10

③ 10 − 4 = 6

④ 10 − 6 = 4

답

● 수직선을 보고 빈칸에 알맞은 수를 쓰세요.

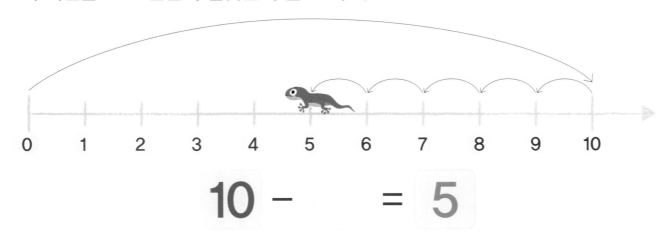

$$10 - \boxed{} = \boxed{5}$$

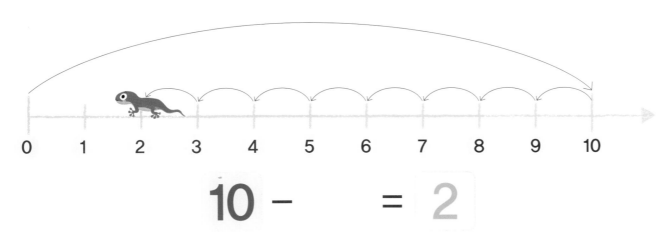

$$10 - \boxed{} = 2$$

첫 번째 생각 열기

첫 번째
생각 열기

밤하늘의 별 따기

두 명의 요정이 밤하늘에서 별을 따고 있어요.
한 명은 3개, 다른 한 명은 4개를 땄어요.
요정들이 가져온 별들을 바구니에 모아 스티커로 붙여볼까요?
모두 몇 개일까요?
빈칸에 알맞은 수를 써보세요.

활동북 1쪽

7 개

10

개념
탐구 1 모으기 _ 5보다 작거나 같은 수

농장의 말과 젖소 수 세기

● 각 동물들의 수만큼 스티커를 붙이고, 빈칸에 알맞은 수를 써보세요. 활동북 1쪽

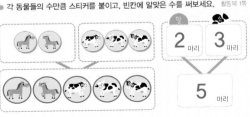

● 2개의 주사위에 있는 눈을 모아서 그려보세요.

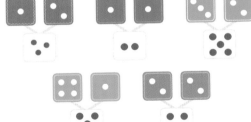

● 자석에 모인 두 수의 합이 얼마인지 알맞은 수를 써보세요.

12

13

● 냥이와 펭이가 던진 농구공을 아래의 바구니에 모아볼까요? 바구니에 농구공 스티커를 붙이고, 빈칸에 알맞은 개수를 써보세요. 활동북 1쪽

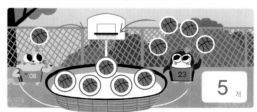

5 개

5 개

4 개

14

🦉 금붕어를 어항에 모으기

냥이는 6마리, 펭이는 3마리의 금붕어를 키우고 있어요. 둘은 어항 한 개에 금붕어들을 모아 넣기로 했어요. 어항에 모은 금붕어를 스티커로 붙이고, 모두 몇 마리인지 빈칸에 알맞은 수를 쓰세요. 활동북 1쪽

냥이의 금붕어 수 → 6 마리   3 마리 ← 펭이의 금붕어 수

9 마리

15

● 서로 색깔이 다른 두 수를 모았어요. 두 수를 모은 개수를 적고, 오른쪽 칸에는 두 수와 같은 색 동그라미를 같은 개수로 그려보아요.

4 2

6

5 3

8

3 4

7

5 5

10

16

1 8

9

● 닭 두 마리가 알을 품고 있어요. 한 마리는 3개, 다른 한 마리는 2개의 알을 품고 있어요. 냥이가 두 마리 닭의 알을 모두 가져오면 몇 개가 될까요? 오른쪽 빈칸에 알맞은 수를 쓰세요.

3 개   2 개

5 개

17

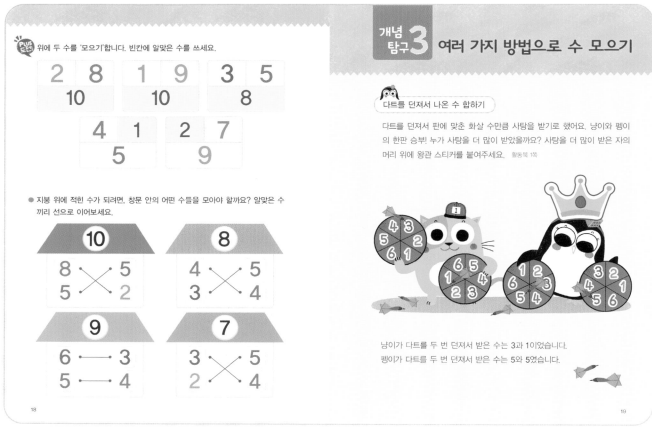

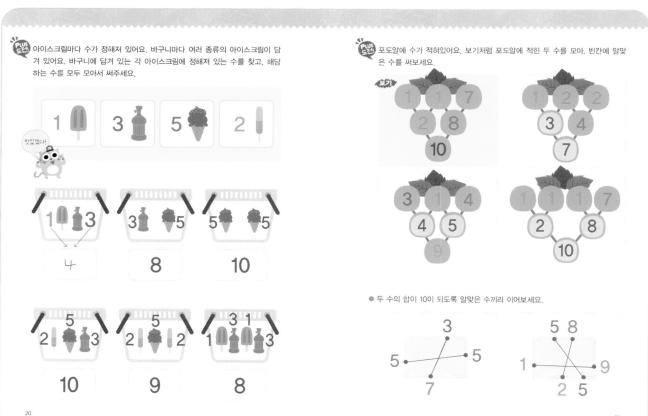

LET'S PLAY

과일카드로 10 만들기 활동북 7쪽

❶ 과일이 1개부터 10개까지 그려진 카드가 10장 있습니다. 이를 두 사람이 서로 5장씩 나누어 가집니다.

❷ 가위바위보를 해서 이긴 사람이 먼저 자신이 갖고 있는 과일카드 한 장을 냅니다.

❸ 상대방은 그 카드에 그려진 과일의 수를 보고, 과일 개수의 합이 10이 될 수 있는 자신의 과일 카드를 골라서 냅니다.(과일의 종류는 달라도 됩니다.)

❹ 합이 10인 2장의 카드를 활동판에 붙여 완성합니다.

ACTIVE BOARD

이름　　　　　　　　이름

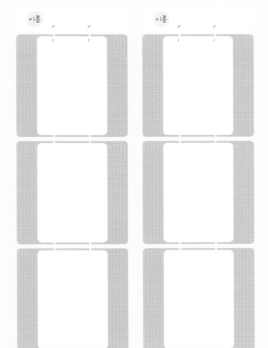

확인 학습

● 냥이 할머니를 위해 냥이 엄마와 펭이, 그리고 냥이가 색깔별로 송편을 만들었어요.

① 각 송편의 개수를 써보세요.

 5 개　　　　**2** 개　　　　**3** 개

② 할머니가 펭이와 냥이의 송편을 드셨어요.
모두 몇 개를 드셨을까요?　　**5** 개

③ 할머니가 냥이 엄마, 펭이, 냥이가 가져온 송편을
모두 다 드셨어요. 모두 몇 개를 드신 걸까요?　　**10** 개

PLUS 도전! 모으면 10이 되는 두 수를 골라서, 빨간색으로 칠해주세요.

● 사과를 모두 10개 따려고 합니다. 냥이가 먼저 딴 사과 수를 보고 펭이가 따야 하는 사과의 수를 적고, 알맞은 개수로 스티커를 붙여주세요. 활동북 1쪽

정답

두 번째 생각 열기

자동차 주차하기

자동차 10대가 공원 주차장에 들어오고 있어요.
비어 있는 두 곳에 각각 같은 수의 자동차를 주차해야 해요.
각각 몇 대씩 들어가면 될까요? **5대**
두 곳의 주차장에 자동차 스티커를 알맞은 개수로 붙여보세요.

활동북 2쪽

10대를 두 곳에 같은 수로 나누어 주차해.

자동차는 모두 10대가 있어.

개념탐구 1 가르기 _ 5보다 작거나 같은 수

엄마를 위한 가이드
여러 가지 경우의 수가 나옵니다.
다양한 정답을 모두 알려주세요.

과자를 접시에 나누어 담기   활동북 2쪽

두 수로 나누는 것을 가르기라고 해.

과자 5개를 접시 2개에 나누어 담아요. 5개의 과자
스티커를 각 접시에 원하는 개수대로 나누어 붙이고,
각각 몇 개씩인지 빈칸에 수를 쓰세요. 단, 빈 접시는 안 돼요.

예
2 개   3 개

머핀 4개를 접시 2개에 나누어 담아요. 4개의 머핀 스티커를 각 접시에
원하는 개수대로 나누어 붙이고, 각각 몇 개씩인지 빈칸에 수를 쓰세요.
단, 빈 접시는 안 돼요.

예
1 개   3 개

● 빈칸에 들어갈 손으로 알맞은 것을 골라 ○표시를 하고, 손가락 수를 세어 알맞은 수를 쓰세요.

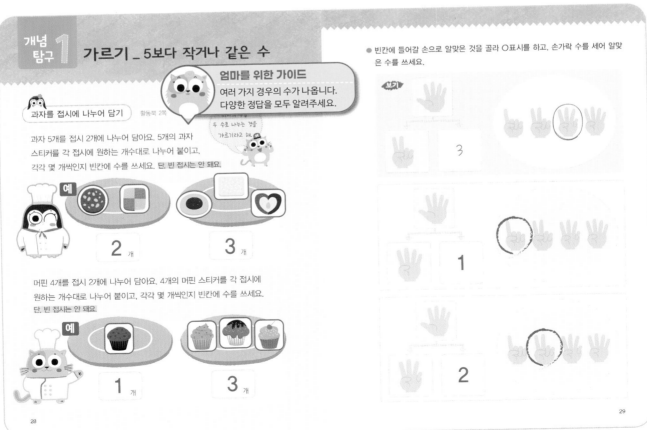

보기

3

1

2

28
29

Plus 도전! 하나의 수를 두 수로 가르기 했어요. 빈칸에 알맞은 수를 쓰고, 가르기 한 수의 개수대로 동물 친구들을 나눠 선을 그어 구분 지어보세요.

5
3   2

4
2   2

3
2   1

4
1   3

5
3   2

● 홍학 5마리를 아래와 같이 가르기 했습니다. 아래 그림을 보고 빈칸에 알맞은 홍학의 수를 쓰세요.

	1 마리		4 마리
	2 마리		3 마리
	3 마리		2 마리
	4 마리		1 마리

30   31

● 토끼가 당근 5개를 가르려고 합니다. 여러 가지 방법으로 갈라보세요. 먼저 당근을 해당하는 수만큼 ○로 묶고, 그다음 빈칸에 알맞은 수를 쓰세요.

보기
 → 5
1   4

 → 5
2   3

 → 5
3   2

→ 5
4   1

32

개념 탐구 2 가르기 _ 10보다 작거나 같은 수

집에 가자, 밥 먹으러!

놀이터에서 놀던 토끼들과 돼지들이 점심을 먹기 위해 집에 가려 합니다. 토끼는 토끼 집에, 돼지는 돼지 집에 가도록 알맞게 스티커를 붙이고, 토끼와 돼지가 각각 총 몇 마리인지 수를 쓰세요. 활동북 2쪽

토끼 **4** 마리   돼지 **3** 마리

33

정답

● 과일을 아래 두 접시로 가르기 합니다. 접시에 과일이 각각 몇 개씩인지 알맞은 수를 쓰세요.

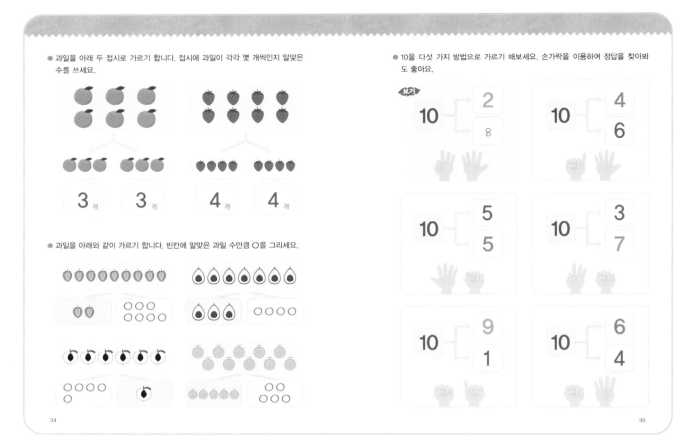

3 개   3 개   4 개   4 개

● 과일을 아래와 같이 가르기 합니다. 빈칸에 알맞은 과일 수만큼 ○를 그리세요.

● 10을 다섯 가지 방법으로 가르기 해보세요. 손가락을 이용하여 정답을 찾아봐도 좋아요.

보기

10 — 2 / 8   10 — 4 / 6

10 — 5 / 5   10 — 3 / 7

10 — 9 / 1   10 — 6 / 4

개념탐구 3 수 피라미드

수를 가르고 모아 피라미드 완성하기

수 피라미드를 완성할 수 있도록 빈칸에 알맞은 수를 써보세요.

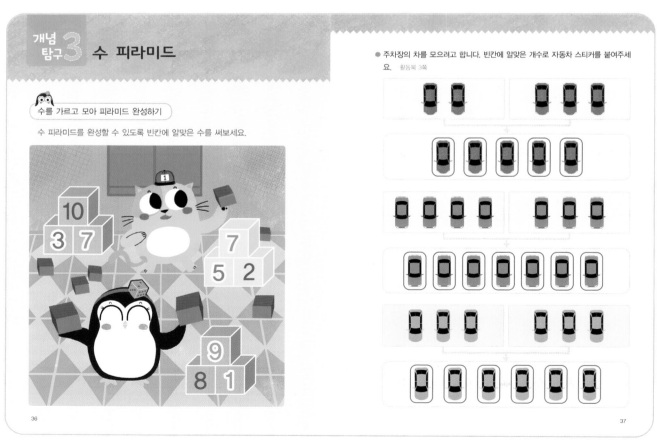

10 / 3 7   7 / 5 2   9 / 8 1

● 주차장의 차를 모으려고 합니다. 빈칸에 알맞은 개수로 자동차 스티커를 붙여주세요. 활동북 3쪽

116

엄마를 위한 가이드
여러 가지 경우의 수가 나옵니다.
다양한 정답을 모두 알려주세요.

● 오렌지 9개를 가르기 하여, 양쪽 바구니에 오렌지 스티커를 알맞은 개수로 붙여
보세요. 활동북 3쪽

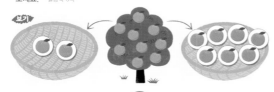

● 12개의 별을 왼쪽의 수만큼 색칠한 다음 오른쪽 빈칸에 남은 별의 개수를 써주
세요.

6 ★★★★★★☆☆☆☆☆☆ 6

9 ★★★★★★★★★☆☆☆ 3

7 ★★★★★★★☆☆☆☆☆ 5

PLUS 문제 다음 보기를 보고 빈칸에 알맞은 수를 쓰세요.

보기

```
      11              8
     4  7           4  4
   1   3  4       3   1  3
```

```
     11              15
    6  5            5  10
  3   3  2        1   4  6
```

LET'S PLAY

엄마를 위한 가이드
여러 가지 경우의 수가 나옵니다.
자유롭게 놀이를 해보세요.

자동차 뽑기 놀이 활동북 8쪽

① 활동지에서 빨간색 자동차 칩 10개, 파란색 자동차 칩 10개를 오려 한곳에
모아둡니다.

② 주머니를 준비하고 그 안에 20개의 자동차 칩을 모두 넣고 섞어주세요.

③ 주머니에 있는 자동차 칩들을 **한 줌** 꺼낸 다음 색깔 별로 구분하여 놓습니다.
그리고 **각각의 개수**를 적습니다.

④ 마지막으로 전체 자동차 개수를 세고, 활동판에 그 수를 적습니다.

확인학습

● 다음 그림을 보고, 답을 쓰세요.

① 그림 속 동물들은 모두 몇 마리인가요? **6** 마리

② 토끼, 거북이, 오리가 놀고 있는 고무줄 안으로 닭이 들
어오면, 고무줄 안의 동물은 모두 몇 마리가 될까요? **4** 마리

③ 원숭이, 개, 닭이 고무줄 안으로 들어오면, 고무줄 안의
동물은 모두 몇 마리가 될까요? **6** 마리

PLUS 문제 ④ 다 함께 고무줄 놀이를 하다가 **같은 수로 두 팀**을 만들
려고 해요. **한 팀의 동물은 몇 마리**일까요? **3** 마리

확인 학습

● 다람쥐가 도토리를 가르려고 합니다. 빈칸에 알맞은 수를 적고, 도토리를 가르고 묶어보세요.

 → 10
1 9

 → 6
2 4

 → 8
3 5

● 2개의 주사위에 있는 점의 개수를 모아 네모 안에 알맞은 수를 쓰세요.

4 개   5 개   11 개

● 주사위 눈의 개수를 가르기 했습니다. 빈칸에 들어갈 알맞은 개수의 점을 그려보세요.

Plus 도전! 위에 있는 수를 모은 다음. 다시 가르기를 했습니다. 빈칸에 알맞은 수를 써보세요.

5 모으기 1
6
4 가르기 2

42   43

세 번째 생각 열기

세 번째
생각 열기

어항 안 숫자 물고기

5개의 어항 안에 수가 적힌 물고기가 한 마리씩 있어요.
어항 안에 물고기 한 마리를 더 넣어서 10을 만들려고 해요.
각각의 어항에 들어갈 알맞은 물고기 스티커를
골라 붙여볼까요?

활동북 2쪽

10 보수표는 10을 만들 수 있는 2개의 수를 짝지은 표야.

아래의 10 보수표를 익혀서 문제를 풀어보면 도움이 될 거야.

10	1	2	3	4	5
	9	8	7	6	5

1 9

8 2

3 7

4 6

5 5

44   45

118

개념탐구 1 10 만들기

수에 따라 길이가 다른 수 막대

수의 크기에 맞추어 길이가 정해진 막대들이 있어요. 펭이가 1부터 10까지 수 막대를 이용해서 수를 나열하려 해요. 수 막대 스티커를 수의 순서대로 붙여보세요. 활동북 4쪽

● 두 개의 수 막대를 모아 10 크기의 막대를 완성해보세요. 활동북 4쪽

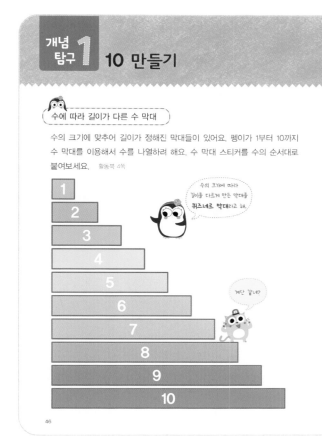

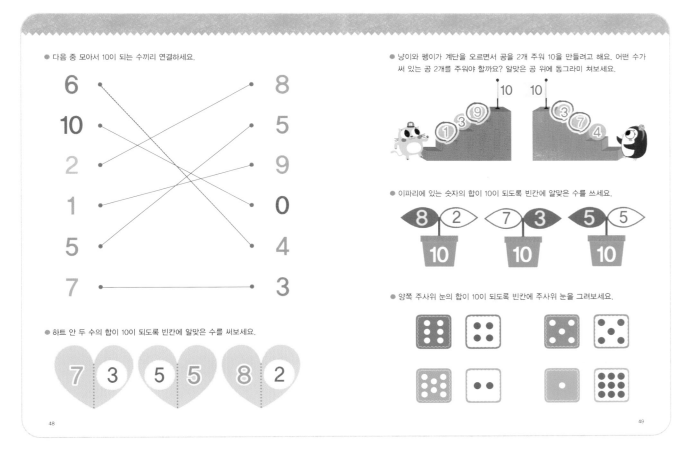

정답

낭이와 펭이가 과일을 따 모아 10명의 친구들에게 하나씩 나눠 주기로 했어요. 낭이가 먼저 사과 4개를 따서 바구니에 담았어요. 펭이는 오렌지를 몇 개 따서 바구니에 담아야 할까요? 바구니에 알맞은 개수로 오렌지 스티커를 붙여보세요.

황동북 3쪽

6개

개념탐구 2 수직선을 이용하여 **5와 10 만들기**

수직선으로 수 만들기

직선을 같은 크기의 간격으로 나누어 수를 표현한 것을 **수직선**이라고 합니다. 수직선을 이용하여 5를 만들어볼까요?

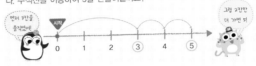

● 친구들이 말하는 수만큼 수직선 위에 이동하는 화살표를 먼저 그린 후 도착한 수에 동그라미를 쳐보세요. 그리고 5까지 가려면 몇 칸이 남았는지 남은 칸 수를 세어, 빈칸에 써보세요.

4

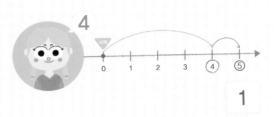

1

● 수직선 위에 친구들이 말하는 수만큼 이동한 화살표를 그리고, 도착한 수에 동그라미를 치세요. 그리고 **10까지 가려면 몇 칸이 남았는지** 남은 칸 수를 세어, 빈칸에 써보세요.

5 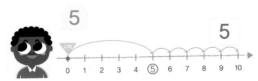 5

1 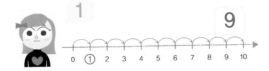 9

8  2

6 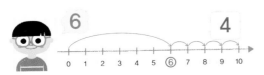 4

개념탐구 3 **뺄셈을 이용한 10 가르기**

깨진 계란 수 세기

진열대에 계란이 판마다 10개씩 놓여 있어요. 하지만 어떤 판은 계란이 몇 개 깨져서 10개가 안 되기도 해요. 각 판마다 깨진 계란이 몇 개인지 빈칸에 알맞은 수를 써보세요.

10 — 남은 계란 수 5 / 깨진 계란 수 5

10 — 남은 계란 수 10 / 깨진 계란 수 0

10 — 남은 계란 수 4 / 깨진 계란 수 6

10 — 남은 계란 수 3 / 깨진 계란 수 7

10 — 남은 계란 수 8 / 깨진 계란 수 2

Plus 도전! 오른쪽 그림은 하이에나가 먹고 남은 고기입니다. **하이에나가 먹어 치운 고기는** 몇 개일까요? 알맞은 수를 써보세요.

8 개

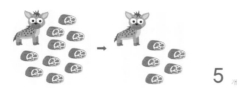

5 개

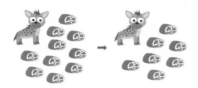

3 개

Plus 도전! 다람쥐가 **도토리 10개가 열린 나무**에서 도토리를 따 주머니에 담았어요. 주머니 안 도토리 개수를 보고 나무에 남은 도토리의 수를 맞혀보세요. 그리고 나무에 알맞은 개수의 도토리 스티커를 붙여보세요. 활동북 3쪽

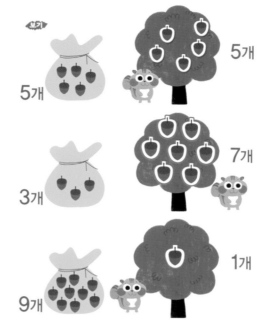

5개 / 5개

3개 / 7개

9개 / 1개

54 / 55

LET'S PLAY

엄마를 위한 가이드
여러 가지 경우의 수가 나옵니다.
자유롭게 놀이를 해보세요.

물고기 수 카드 놀이 활동북 9쪽

1. 활동북에서 9장의 물고기 수 카드를 오리세요.
2. 수가 보이지 않게 뒤집어 물고기 그림이 보이도록 가운데 흩어 놓습니다.
3. 두 사람이 번갈아 가며 수가 보이게 카드를 뒤집어 놓습니다.
4. 뒤집힌 카드의 수를 보다가 합해서 10이 되는 카드 2장을 발견하면, "10 완성!"을 외치고, 해당 카드 2장을 집어 올립니다.
5. 더 이상 뒤집을 카드가 없으면 게임이 끝나고, 10을 만든 카드 묶음이 가장 많은 사람이 이깁니다.

수가 보이지 않게 뒤집어 놓고 시작해.

합해서 10이 되는 카드 2장을 발견하면 "10 탄생!"을 외쳐.

확 인 학 습

● 더해서 10이 되는 부분만 색을 칠해보세요.

3 + 5   4 + 3

5 + 4   6 + 2
          8 + 1
4 + 3   3 + 1
          7 + 2
          ⑤ + ⑤

          ⑥ + ④

③ + ⑦   2 + 5

          ① + ⑨

1 + 5   3 + 4

56 / 57

정답

● 손가락의 개수와 합하면 10이 되는 수에 선을 그어보세요.

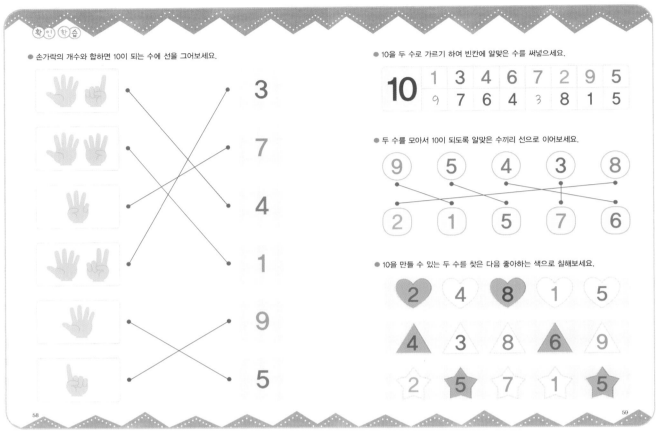

● 10을 두 수로 가르기 하여 빈칸에 알맞은 수를 써넣으세요.

10	1	3	4	6	7	2	9	5
	9	7	6	4	3	8	1	5

● 두 수를 모아서 10이 되도록 알맞은 수끼리 선으로 이어보세요.

● 10을 만들 수 있는 두 수를 찾은 다음 좋아하는 색으로 칠해보세요.

58

59

PLUS-UP 도전!

경시대회 문제에 도전해보세요.

● 손가락을 합쳐서 5개가 되도록 알맞은 그림끼리 이어보세요.

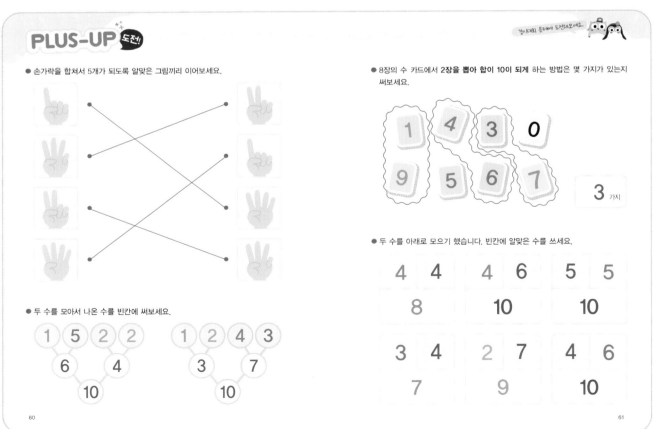

● 8장의 수 카드에서 2장을 뽑아 합이 10이 되게 하는 방법이 몇 가지가 있는지 써보세요.

3 가지

● 두 수를 모아서 나온 수를 빈칸에 써보세요.

● 두 수를 아래로 모으기 했습니다. 빈칸에 알맞은 수를 쓰세요.

4	4		4	6		5	5
	8			10			10

3	4		2	7		4	6
	7			9			10

60

61

122

PLUS-UP 도전!

● 수가 정해진 도형이 있습니다. 빈칸에 들어간 **도형들을 모두 합하면** 어떤 수가 되는지 빈칸에 써주세요.

 → 1   → 3   → 5

9   **7**   **7**

● 두 수의 합이 10이 되는 두 수를 찾아 선으로 이어보세요.

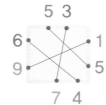 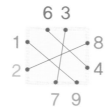

● 모으면 ☆안의 수가 되는 **두 수**를 찾아 색칠해보세요.

5 →   0

10 → 5 3   9

7 → 1   3 8

6 → 2 3 4 1 0

● 수를 모으기 하여 피라미드를 완성하였습니다. 빈칸에 알맞은 수를 쓰세요. (0에서 10까지 수를 사용하세요.)

```
        9                    10
      4   5                4   6
    2   2   3            1   3   3
  1   1   1   2        0   1   2   1
```

PLUS-UP 도전!

● 낭이가 **한 번에 한 칸씩 뛰어** 앞으로 갑니다. 낭이가 5에서 출발하여 10까지 **도착하려면 몇 번을 뛰어야** 하는지 써보세요.

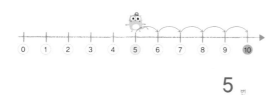

5 번

● 보기와 같이 10은 서로 다른 수로 가를 수 있습니다. **10을 서로 다른 수 3개로 가르기** 했을 때 빈칸에 알맞은 수를 쓰세요.

● 가르기와 모으기 그림에서 빈칸에 알맞은 수를 써보세요.

```
           8
   3       5       4
               9

          10
   3       7       4
              11

           9
   1       8       4
              12
```

네 번째 생각 열기

네 번째
생각 열기

딸기와 토마토 따기

펭이와 낭이가 밭에서 딸기와 토마토를 따고 있어요.
펭이가 딸기 3알과 토마토 2개를 바구니에 모아 담았어요.
바구니 안 과일은 모두 몇 개일까요? **5개**
과일 스티커를 바구니 안에 붙여보세요. 활동북 2쪽

66

개념 탐구 1 10보다 작은 수의 덧셈식

덧셈식 익히기

두 개의 수를 모아서 합한 수로 나타내는 것을 **덧셈식**이라고 해요.

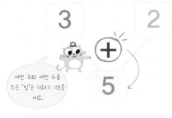

3   2

$+$

5

어떤 수와 어떤 수를
모은 '합'은 더하기 기호를
써요.

3 더하기 2는
5와 같습니다.

$3 + 2 = 5$

수직선으로 표현할 수도 있어요.

3과 2의 합은
5입니다.

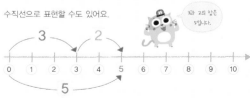

3   2

0 1 2 3 4 5 6 7 8 9 10

5

68

● 그림을 보고 빈칸에 알맞은 수를 써보세요.

→ $5 + 3 = 8$

→ $4 + 6 = 10$

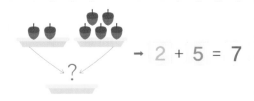

→ $2 + 5 = 7$

69

● 너구리가 수가 적힌 피아노 건반 위를 뛰어요. 보기처럼 덧셈식의 수만큼 건너
뛴 화살표를 그리고, 빈칸에 알맞은 수를 써보세요.

$$1 + 3 = 4$$

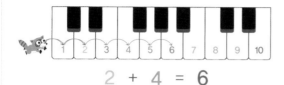

$$2 + 4 = 6$$

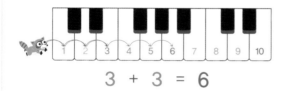

$$3 + 3 = 6$$

70

● 양쪽 농구공을 바구니에 모으려고 합니다. 바구니에 모은 농구공을 스티커로
붙이고, 개수와 식을 써보세요. 활동북 5쪽

$$1 + 3 = 4$$

4 개

$$3 + 2 = 5$$

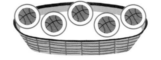

5 개

71

● 불이 났어요! 소방차가 빨리 불을 끄러 가야 해요. 소방차는 **더해서 10이 되는
칸으로만 이동**할 수 있어요. 더해서 10이 되는 칸을 찾아 색칠한 후 소방차가
지나갈 길을 만들어보세요.

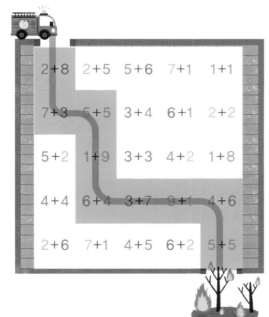

72

● 수를 나눌 수 있는 방법은 여러 가지예요. 보기를 참고하여 나머지 문제도 2가지
방법으로 수를 나눌 때 빈칸에 들어갈 알맞은 개수의 점을 그려보세요.

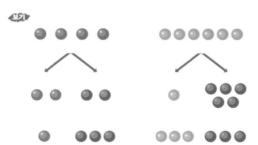

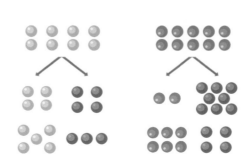

73

125

정답

PLUS 도전! 구슬을 두 묶음으로 나누는 방법은 여러 가지예요. 보기처럼 빈칸에 구슬을 알맞은 수대로 그려 넣으세요.

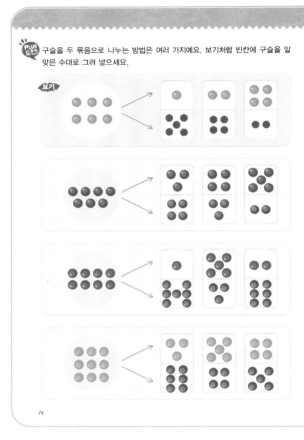

보기

74

● 보기와 같이 다음 문제의 빈칸에 알맞은 수를 적어보세요.

보기

5 + 1 = ⑥

5 더하기 1은 6이야.

6은 5와 1의 합이야.

| 5 | 1 |

5 + 4 = ⑨

| 5 | 4 |

2 + 5 = ⑦

| 2 | 5 |

8 + 1 = ⑨

| 8 | 1 |

4 + 2 = ⑥

| 4 | 2 |

75

● 보기를 참고하여 빈칸에 알맞은 수를 써보세요.

보기

2 + 4 = 6

5 + 4 = 9

1 + 7 = 8

6 + 3 = 9

76

개념 탐구 2 **20보다 작은 수의 덧셈식**

사과를 모아서 주스 만들기

냥이와 펭이가 빨간 사과 10개, 초록 사과 5개를 믹서기에 넣고 갈아 사과 주스를 만들었어요. 사과 주스 안에는 전부 몇 개의 사과가 들어있을까요? 아래 빈칸에 알맞은 수를 써보세요.

빨간 사과	초록 사과	사과 주스에 넣은 전체 사과 수
10 개	+ 5 개	= 15 개

77

126

● 주사위 눈의 수를 모두 모은 개수를 덧셈식으로 나타내보세요.

보기 → 5 + 5 = 10

→ 6 + 5 = 11

→ 6 + 6 = 12

● 그림을 보고 빈칸에 알맞은 수를 써보세요.

7 + 3 = **10**   15 + 2 = 17

78

● 주머니 안에 담긴 사탕을 모으려고 해요. 보기를 참고해서 빈칸에 들어갈 부호를 써주세요. 또 비어있는 주머니에 필요한 사탕 개수만큼 사탕 스티커를 붙여주세요. 활동북 5쪽

보기

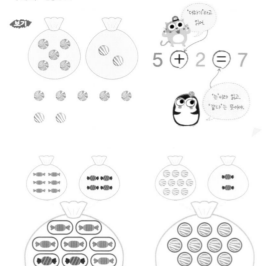

5 ⊕ 2 ⊜ 7

6 + 4 = 10   10 + 2 = 12

79

9 + 4 = 13   7 + 5 = 12

10 + 5 = 15   8 + 5 = 13

80

개념 탐구 3 덧셈을 표현하는 다양한 방식

멀리뛰기 대회

냥이, 펭이, 다람쥐가 멀리뛰기를 합니다. 각자 2번 뛴 거리를 모두 합쳐 누가 가장 멀리 뛰었는지 알아볼까요? 주어진 수에 해당하는 막대 스티커를 붙이고, 덧셈식의 빈칸도 완성해보세요. 마지막으로 1등, 2등, 3등 자리에 알맞은 동물 친구 스티커를 붙여주세요. 활동북 6쪽

3 + 4 = 7

10 + 2 = 12

4 + 6 = 10

2등   1등   3등

81

정답

PLUS 문제! 보기를 참고해서 다음 문제의 빈칸에 알맞은 수를 써보세요.

$3 + 5 = 8$

3 더하기 5는 8과 **같습니다.**

$4 + 3 = 7$

4 더하기 3은 7 과 **같습니다.**

$5 + 5 = 10$

5 더하기 5 는 10 과 **같습니다.**

82

● 손가락으로 수를 세어 더하기를 한 후 빈칸에 알맞은 수를 쓰세요.

$5 + 3 = 8$	5 3 / 8
	5 +3 / 8
$7 + 2 = 9$	7 2 / 9
	7 +2 / 9
$6 + 4 = 10$	6 4 / 10
	6 +4 / 10
$9 + 1 = 10$	9 1 / 10
	9 +1 / 10

83

엄마를 위한 가이드
여러 가지 경우의 수가 나옵니다.
자유롭게 놀이를 해보세요.

LET'S PLAY

누가 더 큰 수를 가졌을까?   활동북 10쪽

1 카드에 있는 눈의 개수가 보이지 않게 카드를 뒤집어 놓습니다.

2 두 장을 선택해서 눈의 개수를 확인하고 덧셈식으로 표현합니다.

3 식의 답이 더 큰 수가 나오면 이깁니다.

4 활동판에 답을 쓰고 더 많이 이긴 사람이 최종 승자가 됩니다.

이름	1회	2회	3회	4회	5회	최종 승자

84

확인 학습

● 두더지가 고구마를 찾으러 땅굴 미로를 지나갑니다. 미로에 적힌 덧셈식을 따라 가면서 ○안에 알맞은 수를 쓰세요.

85

확인 학습

● 빈칸에 알맞은 수를 써보세요.

+ 1

2 [3]

3 4

5 6

7 8

2+1=3

1+6=7

+ 1 2 3 4

6 [7] 8 9 10

● 두 수를 모아 빈칸에 알맞은 수를 써보세요.

10	3	5	5	12	2
	13		10		14
11	1	10	2	5	10
	12		12		15

● 양쪽 통나무에 적힌 덧셈식의 답을 찾아 선을 그어보세요.

2+5 · · 16 · · 3+5
1+15 · · 5 · · 4+3
6+2 · · 8 · · 14+2
3+2 · · 7 · · 4+1

● 낭이와 펭이가 연필을 샀습니다. 낭이는 6자루, 펭이가 4자루 샀을 때 둘이 산 연필을 합치면 모두 몇 자루일까요? 빈칸에 알맞은 수를 써보세요.

6 자루 + 4 자루 = 10 자루

다섯 번째 생각 열기

다섯 번째 생각 열기

아기 돼지 삼형제

아기 돼지 삼형제가 빵을 먹으려 해요.
그런데 접시에 담긴 빵의 개수가 서로 달랐어요.
삼형제는 각자 자신의 접시 위 빵을 한 개 씩만 먹기로 했어요.
삼형제의 접시에는 각각 몇 개의 빵이 남을까요?
각 접시에서 아기 돼지들이 먹은 빵에 ×표시를 해주고,
빈칸에 알맞은 수를 써보세요.

빵을 다 먹었어. 남은 게 없네. 그럼 몇 개지?

하나도 남지 않은 걸 나타내는 수를 써야지!

2-1= 1   3-1= 2   1-1= 0

개념탐구 1 수의 차이는 뺄셈

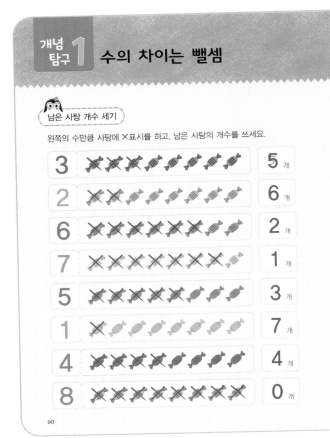

남은 사탕 개수 세기

왼쪽의 수만큼 사탕에 ✕표시를 하고, 남은 사탕의 개수를 쓰세요.

3		5 개
2		6 개
6		2 개
7		1 개
5		3 개
1		7 개
4		4 개
8		0 개

90

● 보기처럼 짝을 지어 선으로 연결하고 남은 것의 개수를 쓰세요.

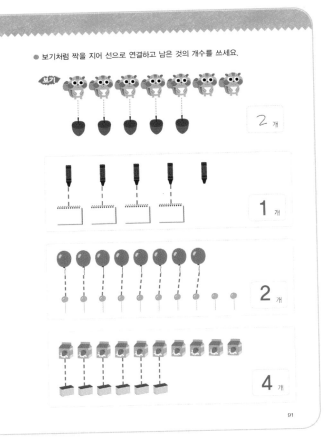

보기 2 개

1 개

2 개

4 개

91

개념탐구 2 뺄셈과 뺄셈식

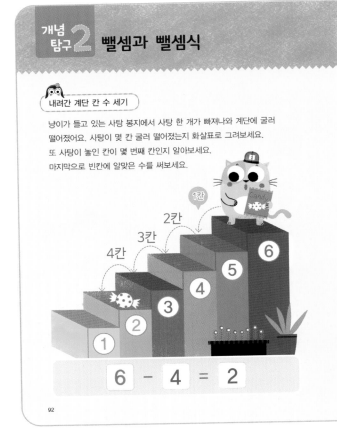

내려간 계단 칸 수 세기

냥이가 들고 있는 사탕 봉지에서 사탕 한 개가 빠져나와 계단에 굴러 떨어졌어요. 사탕이 몇 칸 굴러 떨어졌는지 화살표로 그려보세요.
또 사탕이 놓인 칸이 몇 번째 칸인지 알아보세요.
마지막으로 빈칸에 알맞은 수를 써보세요.

6 - 4 = 2

92

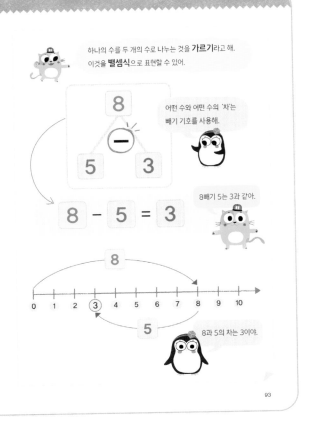

하나의 수를 두 개의 수로 나누는 것을 **가르기**라고 해.
이것을 **뺄셈식**으로 표현할 수 있어.

8
─
5   3

어떤 수와 어떤 수의 '차'는
빼기 기호를 사용해.

8 - 5 = 3

8빼기 5는 3과 같아.

8

0 1 2 3 4 5 6 7 8 9 10

5

8과 5의 차는 3이야.

93

● 동물 친구들이 계단을 내려가고 있어요. 내려간 계단 수를 화살표로 표시하고,
  동물 친구들이 각자 지금 몇 번째 계단에 있는지 뺄셈식으로 나타내보세요.

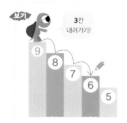

3칸 내려가기!

$$9 - 3 = 6$$

2칸 내려가기!

$$8 - 2 = 6$$

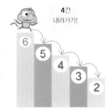

4칸 내려가기!

$$6 - 4 = 2$$

3칸 내려가기!

$$7 - 3 = 4$$

앞뒤로 이동하는 개구리의 위치를
수직선으로 나타내고, 식으로도 표현할 수 있어요.

앞으로 6칸

0 1 2 3 4 5 6 7 8 9 10

뒤로 3칸

$$6 - 3 = 3$$

개구리가 뒤로 5칸 이동했어요. 빈칸에 알맞은 수를 쓰세요.

0 1 2 3 4 5 6 7 8 9 10

$$10 - 5 = 5$$

개구리가 뒤로 4칸 이동했어요. 빈칸에 알맞은 수를 쓰세요.

0 1 2 3 4 5 6 7 8 9 10

$$8 - 4 = 4$$

PLUS 도전 보기를 참고하여 나머지 빈칸에 알맞은 수를 쓰세요.

보기

0 1 2 3 4 5 6 ⑦ 8 9 ⑩

$$10 - 3 = 7$$

0 1 2 3 4 5 ⑥ 7 8 9 ⑩

$$10 - 4 = 6$$

0 1 2 3 4 ⑤ 6 7 8 9 ⑩

$$10 - 5 = 5$$

0 1 2 ③ 4 5 6 7 8 9 ⑩

$$10 - 7 = 3$$

개념 탐구 3 어떤 수를 빼야 할까요?

남아있는 상자 수 구하기

트럭에 상자가 8개 실려 있었어요. 그런데 그만 상자 2개가 땅으로 떨어졌
어요. 트럭에 남아있는 상자는 모두 몇 개일까요? 아래 뺄셈식의 빈칸에
알맞은 수를 써보세요.

$$8_{개} - 2_{개} = 6_{개}$$

정답

Plus 도전!
냥이와 펭이가 닭다리를 3개만 남기고 먹으려고 해요. 각각의 접시에서 닭다리를 몇 개 먹어야 할까요? 먹은 닭다리 위에 뼈다귀 스티커를 붙이고 빈칸에 알맞은 수를 쓰세요. 활동북 6쪽

보기 $5 - 2 = 3$

$7 - 4 = 3$

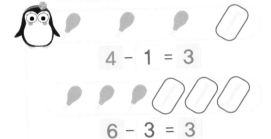

$4 - 1 = 3$

$6 - 3 = 3$

Plus 도전!
사자와 원숭이가 닭다리를 2개만 남기고 먹으려고 해요. 각각의 접시에서 닭다리를 몇 개 먹어야 할까요? 먹은 닭다리 위에 뼈다귀 스티커를 붙이고 빈칸에 알맞은 수를 쓰세요. 활동북 6쪽

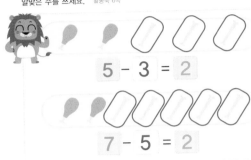

$5 - 3 = 2$

$7 - 5 = 2$

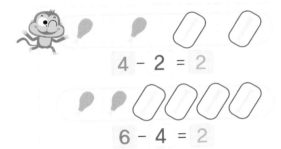

$4 - 2 = 2$

$6 - 4 = 2$

98

99

LET'S PLAY

엄마를 위한 가이드
여러 가지 경우의 수가 나옵니다.
자유롭게 놀이를 해보세요.

덧셈 뺄셈 주사위 놀이 활동북 11~12쪽

▶ 오른쪽 활동판을 이용하세요.

1 주사위 3개 준비하기
1부터 6까지 적힌 주사위 2개와 더하기, 빼기 부호가 적힌 주사위 1개를 준비합니다.

2 가위바위보로 순서 정하기
2명이 가위바위보를 해서 순서를 정합니다. 이긴 사람이 먼저 시작합니다.

3 주사위를 던져 나온 수만큼 이동하기
차례대로 한 사람씩 3개의 주사위를 굴리고 주사위에 나온 수와 부호를 사용해서 계산한 결과의 수만큼 앞 칸으로 말을 이동합니다.(빼기가 나왔을 때는, 큰 수에서 작은 수를 뺍니다.)

4 번갈아가며 차례대로 진행하기
번갈아가며 진행하고 먼저 도착한 사람이 이깁니다.

ACTIVE BOARD

100

101

132

확인학습

● 다음 그림을 보고 물음에 답하세요.

1. 동물들이 각각 몇 마리 있는지 쓰세요.

 4 마리　　 3 마리　　 5 마리

2. 수달과 코끼리를 합치면 모두 몇 마리일까요? 덧셈식의 빈칸에 수를 쓰세요

 4 마리 + 🐘 3 마리 = 7 마리

3. 코끼리와 홍학을 합치면 모두 몇 마리일까요? 덧셈식의 빈칸에 수를 쓰세요

🐘 3 마리 + 5 마리 = 8 마리

PLUS 도전 4. 가장 많은 수의 동물과 가장 적은 수의 동물의 차는 얼마일까요? 뺄셈식의 빈칸에 알맞은 수를 쓰세요.

5 마리 − 3 마리 = 2 마리

● 보기와 같이 손가락을 이용해서 세로셈의 빈칸에 수를 쓰세요.

보기　　4 − 3 = ㅣ

$$
\begin{array}{r} 4 \\ -\ 3 \\ \hline 1 \end{array}
$$

 손가락을 이용해보아도 좋아. 손가락 4개를 펼치고, 3개를 접으면 몇 개가 남을까?

확인학습

$$\begin{array}{r}6\\-\ 2\\\hline 4\end{array}\qquad\begin{array}{r}5\\-\ 1\\\hline 4\end{array}$$

먼저 처음 수만큼 펼친 손가락에서 빼려는 수만큼 접어보는 방법도 있어.

$$\begin{array}{r}8\\-\ 1\\\hline 7\end{array}\qquad\begin{array}{r}9\\-\ 2\\\hline 7\end{array}\qquad\begin{array}{r}4\\-\ 1\\\hline 3\end{array}$$

$$\begin{array}{r}2\\-\ 1\\\hline 1\end{array}\qquad\begin{array}{r}5\\-\ 4\\\hline 1\end{array}\qquad\begin{array}{r}6\\-\ 3\\\hline 3\end{array}$$

PLUS 도전 보기와 같이 손가락을 이용해서 뺄셈식의 빈칸에 수를 쓰세요.

보기　4 − 3 = 1　　　4　　　$\begin{array}{r}4\\-\ 3\\\hline 1\end{array}$
　　　　　　　　　　　3　1

7 − 2 = 5　　　7　　　$\begin{array}{r}7\\-\ 2\\\hline 5\end{array}$
　　　　　　　　2　5

5 − 1 = 4　　　5　　　$\begin{array}{r}5\\-\ 1\\\hline 4\end{array}$
　　　　　　　　1　4

6 − 3 = 3　　　6　　　$\begin{array}{r}6\\-\ 3\\\hline 3\end{array}$
　　　　　　　　3　3

133

PLUS-UP 도전!

경시[대비] 문제에 도전해보세요.

● 빈칸에 들어가는 수 중에서 **가장 큰 수**는 무엇인가요? 답칸에 써보세요.

$4 + 6 = 10$ $4 - 1 = 3$

$2 + 3 = 5$

답 6

● 아래 빈칸에 위 칸의 바둑돌을 따라 같은 개수로 그리고, 거기에 바둑돌을 하나 더 그리세요. 새로 그린 바둑돌은 모두 몇 개인가요?

7 개

● 그림에서 복숭아는 수박보다 몇 개 더 많은가요? 알맞은 수를 쓰세요.

복숭아: 6개
수박: 5개

1 개

● 그림에서 ●모양을 2개 지운 그림을 그리세요.

$7 - 2 = 5$

● 5보다 1작은 수에 2를 더하면 얼마인지 수를 써보세요.

$4 + 2$ 6

● 각 연필꽂이에 연필을 2자루씩 꽂아요. 3개의 연필꽂이에 있는 연필은 모두 몇 자루인가요? 알맞은 수를 쓰세요.

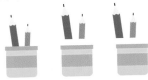

6 자루

● 8보다 1 작은 수는 어떤 수보다 1 큰 수일까요? 어떤 수가 무엇인지 빈칸에 쓰세요.

8보다 1 작은 수는 7
7은 6보다 1 큰 수

6

106

107

PLUS-UP 도전!

● 주머니 안에 ●가 3개 있습니다. 주머니 안에 ●가 8개가 되려면 몇 개를 더 넣어야 하는지 알맞은 수를 써보세요.

5 개

● ●와 ▲를 한 칸에 하나씩 그려넣을 수 있습니다. ●는 5개 그려넣었고, ▲는 6개를 그려넣으려 합니다. ●와 ▲가 차지한 칸은 모두 몇 개일까요? 6개의 ▲를 한 칸에 하나씩 그려넣고, 덧셈식의 빈칸에 알맞은 수를 써보세요.

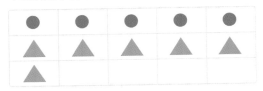

$5 + 6 = 11$

5 더하기는 6 은(는) 11 과 같습니다.

● 남아있는 나비의 수를 알아보려고 합니다. 알맞은 식을 찾아 번호를 써주세요.

① $4 + 6 = 10$

② $6 + 4 = 10$

③ $10 - 4 = 6$

④ $10 - 6 = 4$

답 4

● 수직선을 보고 빈칸에 알맞은 수를 쓰세요.

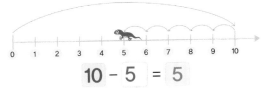

$10 - 5 = 5$

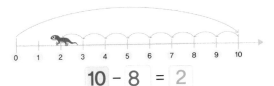

$10 - 8 = 2$

108

109

메모

메모

논리 사고력과 창의력이 뛰어난 미래 영재를 키우는 시소 수학

진 짜 진 짜

킨더

사고력 수학

여수미 지음 | 신대관 그림

B 연산
5~6세용

활동북

SISO Study

p. 10

p. 12

p. 14

p. 15

p. 19

p. 25

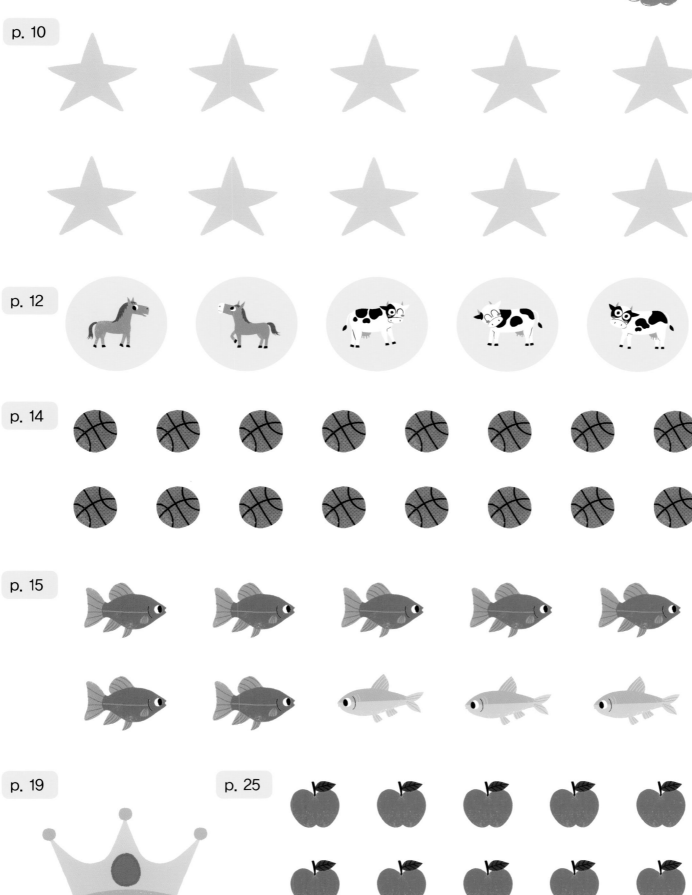

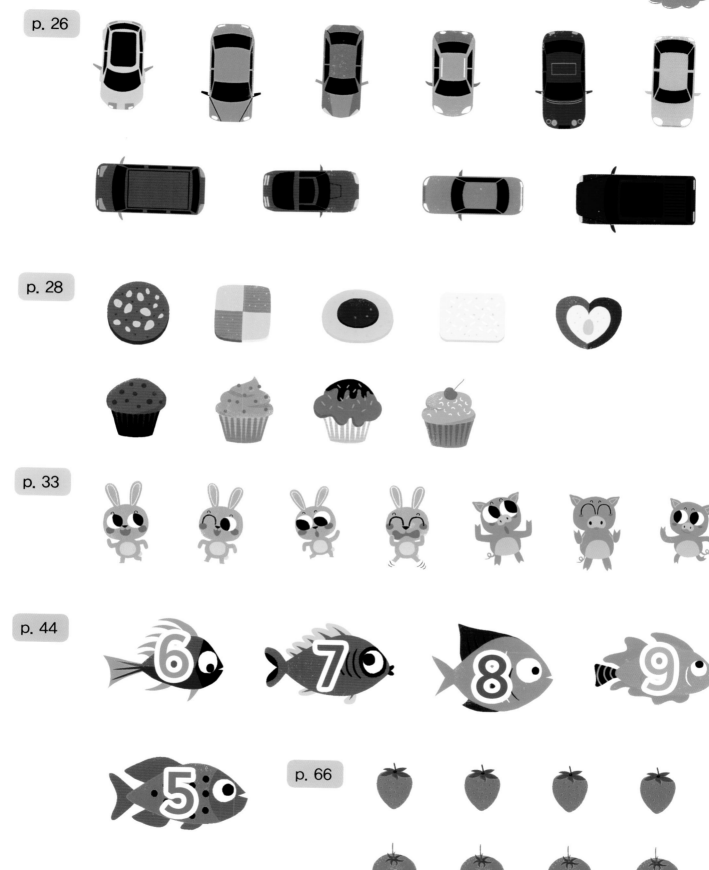

p. 26

p. 28

p. 33

p. 44

p. 66

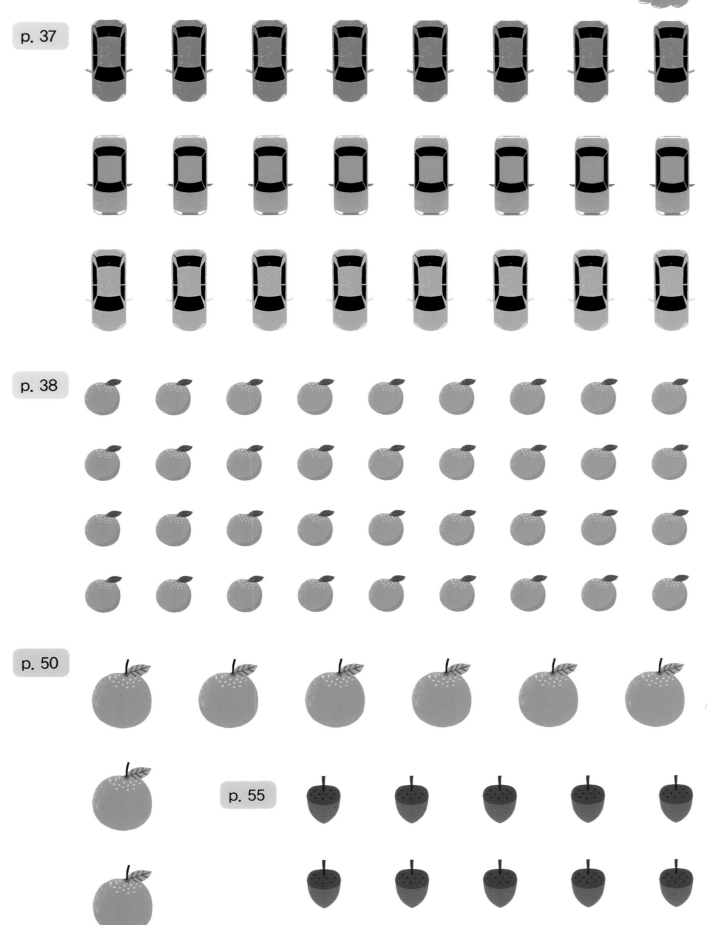

p. 37

p. 38

p. 50

p. 55

p. 47

p. 46

p. 71

p. 79

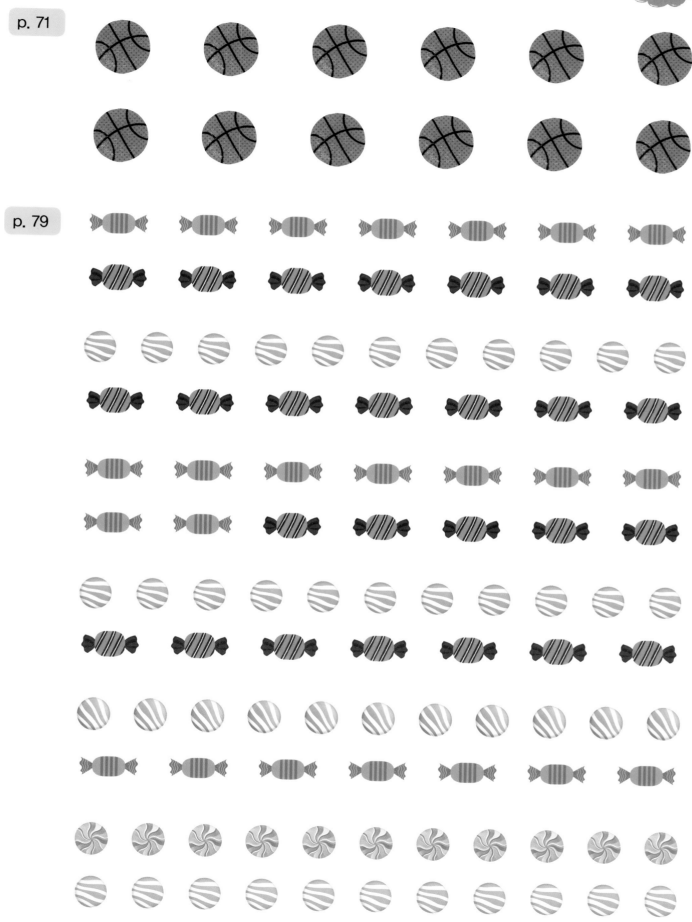

p. 81

12	10

p. 98-99

내 친구 **냥이**와 **펭이** 캐릭터 스티커

p. 22

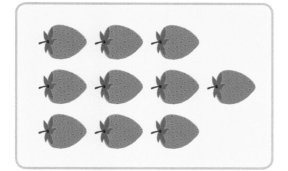

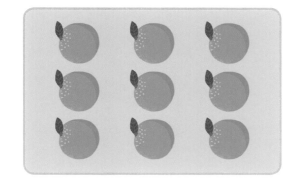

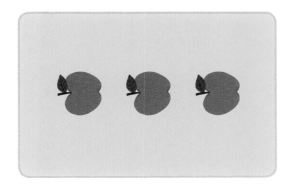
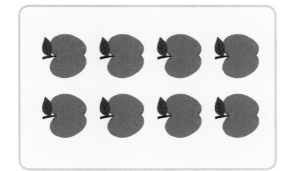

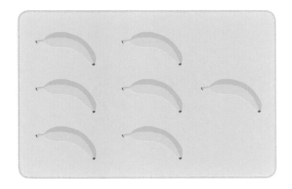

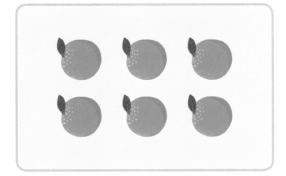

자르는 선

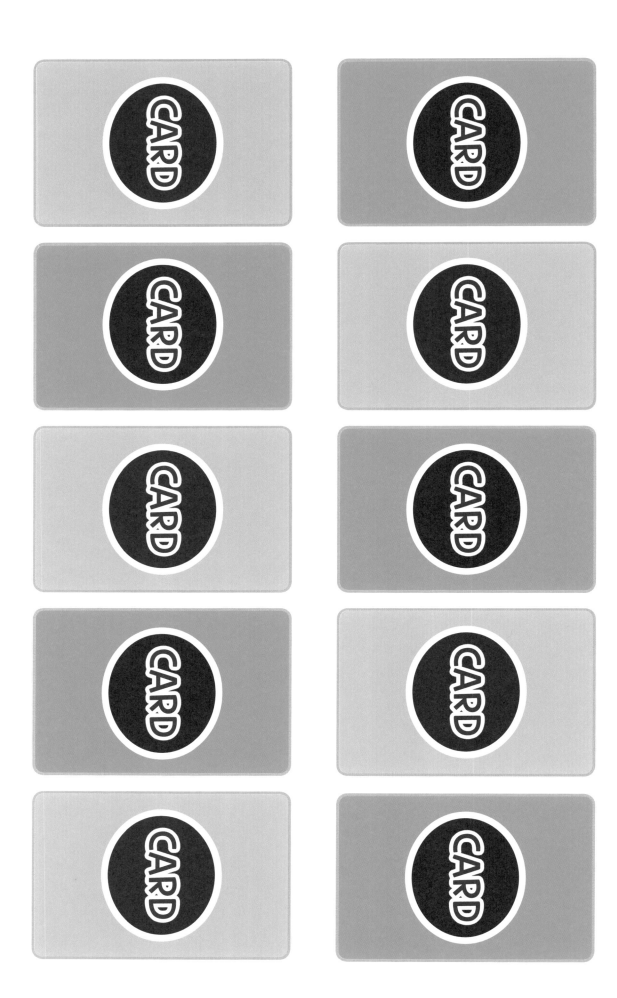

p. 40

p. 40

ACTIVE BOARD

자동차	1회	2회	3회	4회	5회
 빨간색 자동차					
 파란색 자동차					
 전체					

p. 56

자르는 선

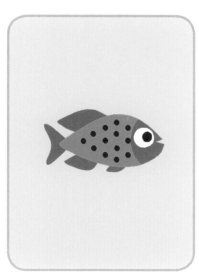

1 2 3

4 5 6

7 8 9

p. 84

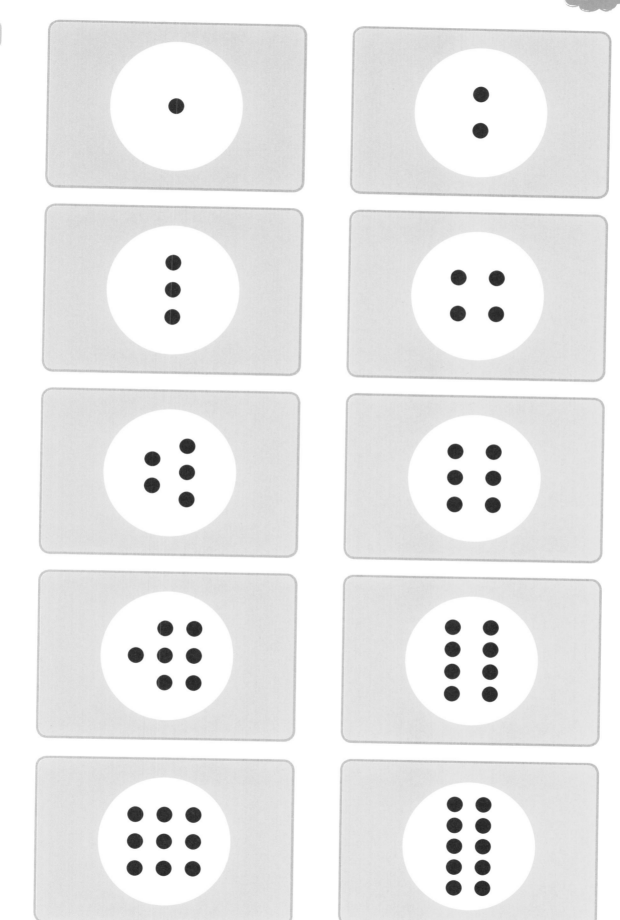

자르는 선

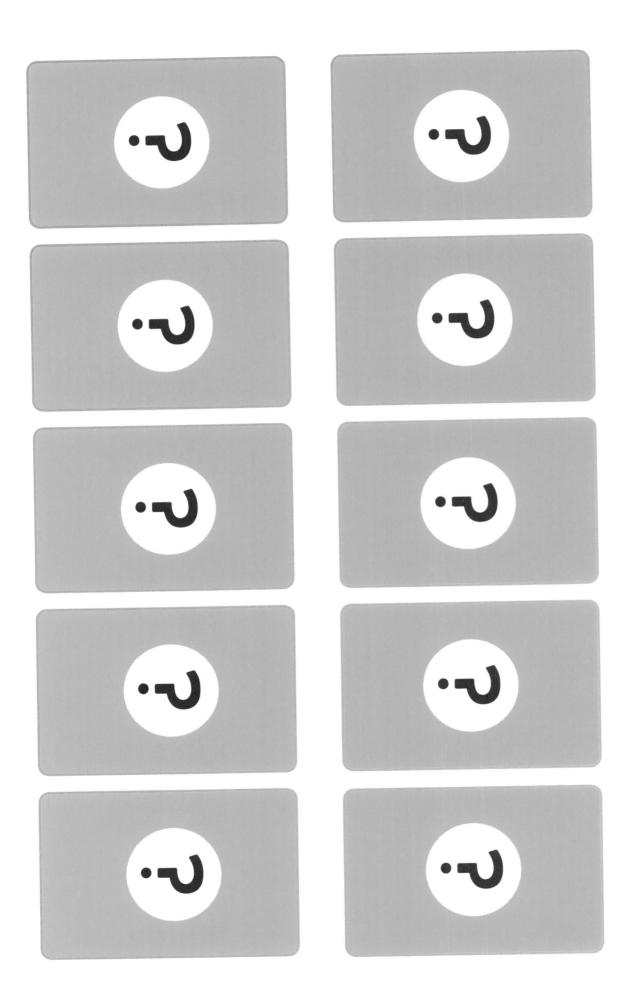

p. 100

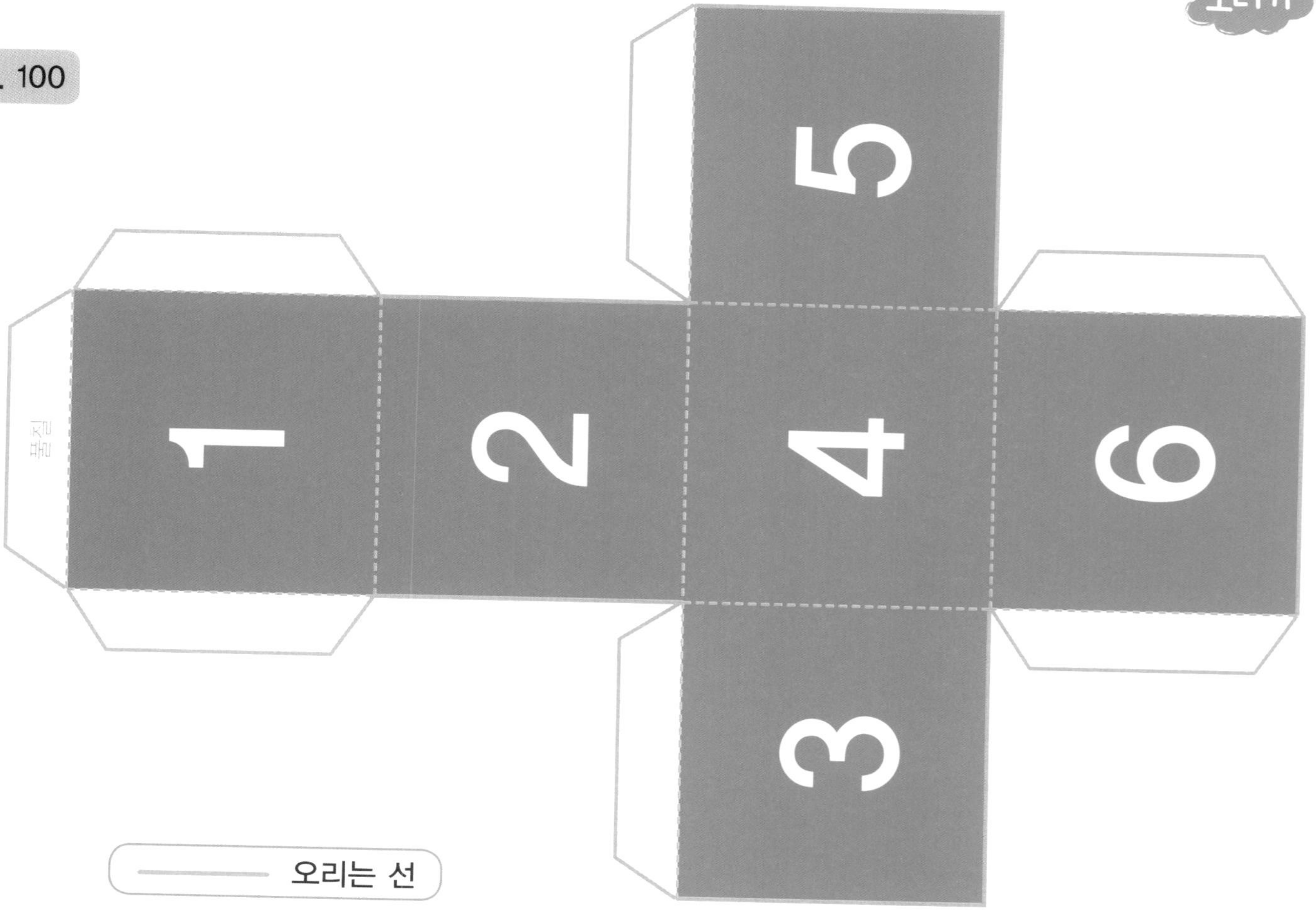

1

2

5

4

3

6

붙임

───── 오리는 선

- - - - - 접는 선

1

2

5

4

3

6

붙임

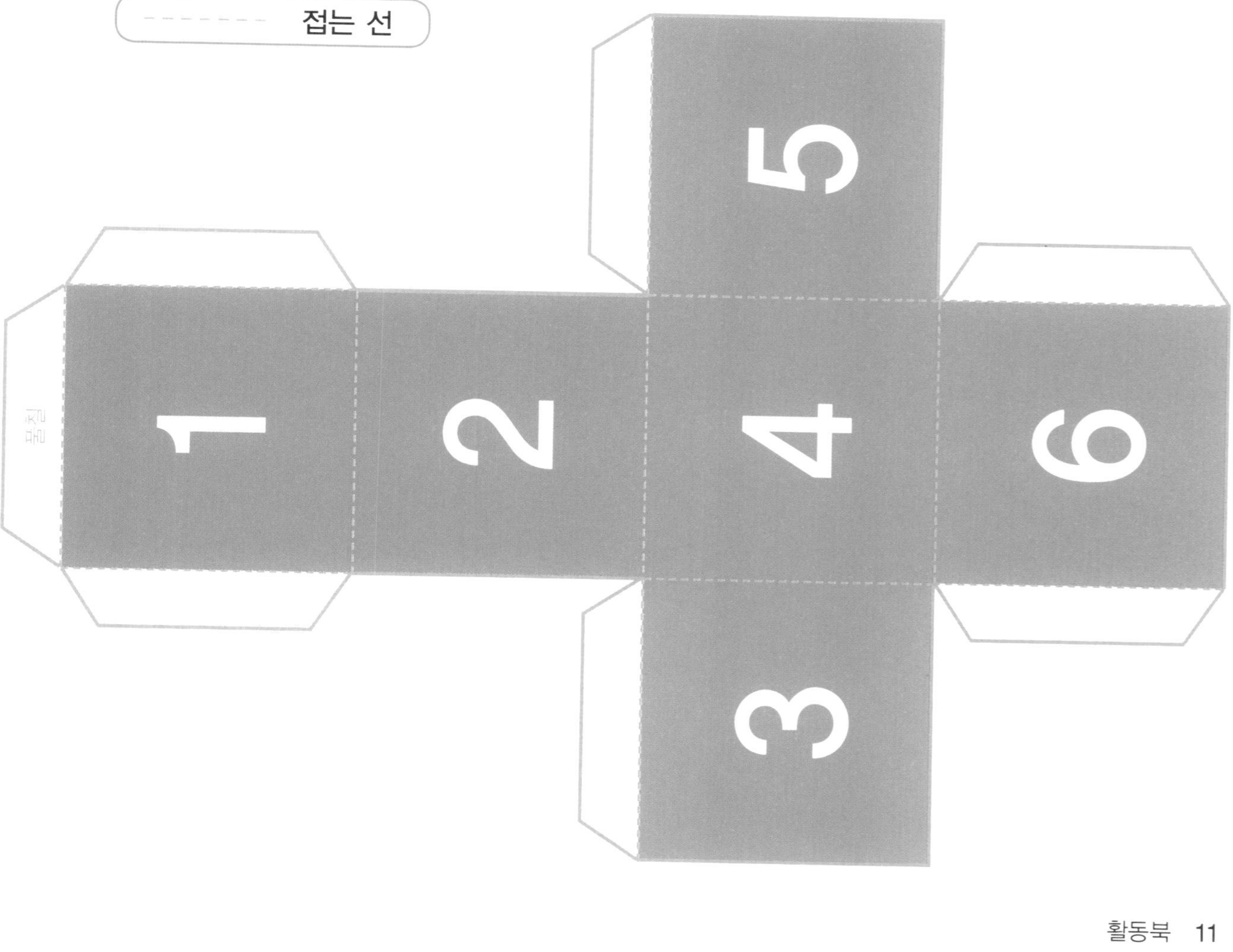

자르는 선

p. 100

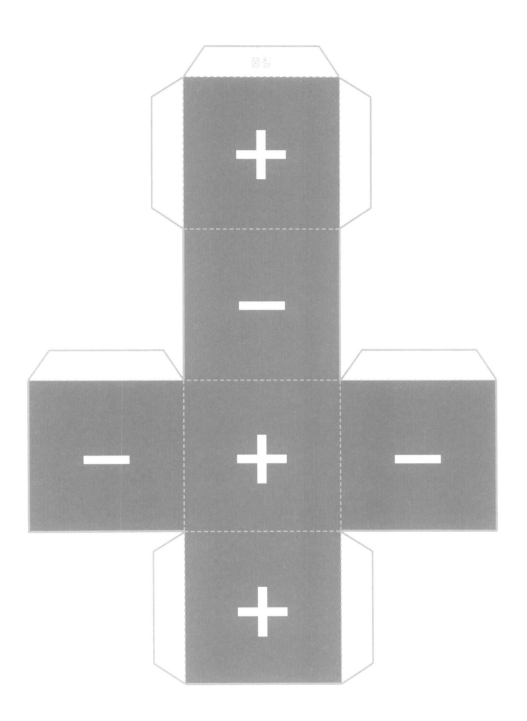

오리는 선

접는 선